天津自然保护区

张征云　李　莉　赵翌晨　孙艳青　编著

出版社

内容简介

本书对天津市 8 处自然保护区进行了全面系统的介绍，内容涉及保护区的地理位置与范围、自然环境、保护区类型及主要保护对象、动植物概况、管理机构、特点与意义等。此外，本书还附有天津八仙山高等维管束植物名录、北大港湿地类型自然保护区维管束植物名录、天津市国家重点保护野生动物名录（第一批 2008 年发布）、天津市分布的中国特有物种名录、天津市受威胁动植物名录及天津市自然保护地一览表等。本书基于 2012—2014 年天津自然保护区综合基础状况调查结果数据，结合笔者多年保护区综合管理技术支持工作的经验撰写而成。

图书在版编目（CIP）数据

天津自然保护区 / 张征云等编著. —天津：天津大学出版社，2021.5
ISBN 978-7-5618-6911-6

Ⅰ. ①天… Ⅱ. ①张… Ⅲ. ①自然保护区－介绍－天津 Ⅳ. ①S759.992.21

中国版本图书馆CIP数据核字(2021)第076157号

出版发行 天津大学出版社
地　　址 天津市卫津路92号天津大学内(邮编:300072)
电　　话 发行部:022-27403647
网　　址 www.tjupress.com.cn
印　　刷 廊坊市海涛印刷有限公司
经　　销 全国各地新华书店
开　　本 185mm×260mm
印　　张 8.25
字　　数 200千
版　　次 2021年5月第1版
印　　次 2021年5月第1次
定　　价 39.00元

本书编委会

主　编：张征云　李　莉　赵翌晨　孙艳青

副主编：郭　健　江文渊　张彦敏　陈启华　宋兵魁

主　审：温　娟

编　委（排名不分先后）：

李怀明　罗　航　陈　浩　张亦楠　廖光龙

杨远熙　徐岩岩　刘雪梅　蔡在峰　洪宇薇

曲文馨　孙金辉　崔　培　杨燕菁　宋文华

刘晓东　高郁杰　张　维　邢志杰　唐丽丽

宋广明　李红柳　杨嵛鉉　邹　迪　李　燃

赵　阳　乔　阳　郭洪鹏　郭洋琳　刘　华

闫　佩　张雷波　李敏娇　王子林　王玉蕊

付一菲　杨　阳　郭　鑫　王　兴　赵晶磊

杨占昆　王　岱　谷　峰　罗彦鹤　尹立峰

孙锡建　冯真真　孙　蕊

前　言

天津地处中国北部，东临渤海，位于海河五大支流南运河、子牙河、大清河、永定河、北运河的汇合处和入海口，素有“九河下梢”“河海要冲”之称。天津市从 1984 年至今已建成 8 个不同级别、不同类型的自然保护区，其中有 3 个国家级自然保护区、5 个市级自然保护区。自然保护区的建立对天津市自然生态系统和生物多样性的保护以及对天津市自然生态环境的改善发挥了巨大的作用，促进了区域经济、社会和环境的可持续发展。但同时，天津市在自然保护区的建设和管理过程中，也存在着一些亟待解决的问题和薄弱环节，如一些保护区始建于我国自然保护区抢救性建立、保护区数量和面积规模快速发展的阶段，保护区自建立起就缺乏资金投入，其保护、建设和管理长期处于较低水平。其次，部分自然保护区基础状况不清。保护区的自然资源和生态环境状况、生物多样性状况、基础设施和管理管护状况、功能区划和区域勘界、管理机构及人员配备、周边社区状况、土地利用现状等一些基础性情况不清。

为掌握天津自然保护区的建设管理及保护现状等情况，2012—2014 年，天津市生态环境局开展了天津市自然保护区基础状况调查工作，对自然保护区的基础状况展开全面调查，希望通过开展自然保护区基础状况综合调查，全面掌握天津市各级、各类自然保护区的自然环境、自然资源和周边社会经济状况家底，并在保护区基础状况综合调查基础上建立完善的自然保护区档案，形成保护区综合管理数据库，从而有助于生态环境部门对自然保护区实施有效监督。本书基于 2012—2014 年对天津自然保护区综合基础状况调查的成果资料撰写而成。

编者

2020 年 10 月

目　录

第 1 章　天津自然保护区的背景特征

1.1　自然基础条件

1.1.1　地理位置

天津市地处华北平原东北部、海河流域下游，北依燕山，东临渤海，北起蓟州古长城脚下黄崖关长城以北，南至滨海新区翟庄子以南的沧浪渠，南北长189 km；东起滨海新区洒金坨之东陡河西排干大渠，西至静海区子牙河畔王进庄，东西宽117 km。其地理坐标介于北纬38° 34′ 至 40° 15′，东经 116° 43′ 至 118° 04′ 之间。天津市海岸线北起津冀行政北界线与海岸线交点（涧河口以西约 2.4 km），南至歧口，海岸线全长 153.67 km，唯一的海岛——三河岛位于永定新河入海口（来源天津市人民政府发布的《天津市海洋主体功能区规划》，2017 年）。

1.1.2　地形、地貌

天津市地势北高南低，蓟州北半部为基岩山地，属燕山山脉，最高峰为九山顶，海拔1 078.5 m。山脉呈东西走向，一般海拔为 100~200 m，山区南侧紧临开阔的平原地区（属华北平原的一部分），地势平坦，自西北向东南缓缓倾斜，海拔在 8 m 以下，一般为 3~5 m。天津全域平原面积占 94%，山区面积为 840 km^2[来源：《天津市矿产资源总体规划（2016—2020 年》）]，约占全市陆域总面积的 6%。全市境内地貌类型主要有山地、丘陵、平原、洼地、海岸带、滩涂等。

1. 山地、丘陵

（1）中低山。中低山分布于蓟州区北部、燕山山脉南侧，面积为 306.7 km^2，山体由石灰岩、页岩、白云岩、花岗岩等组成。其中，北部边缘地带山高多在海拔 750 m 以上，山势突兀挺拔，山峰巍峨，谷深狭长，山坡陡峭；津围公路两侧和马伸桥至下营公路以南的区域地形破碎，坡度较缓，山峰海拔在 750 m 以下。山地为天津市主要林果生产基地，山间有面积不等、土层较厚的沟谷川地，是山区重要的农耕地。

（2）丘陵。丘陵分布于山区南侧，面积为 228.7 km^2。邦喜（邦均至喜峰口）公路北侧及于桥水库南侧多为海拔 200 m 左右的缓丘，丘陵间谷地开阔。

2. 平原、洼地

平原、洼地约占全市土地面积的 94%，均在海拔 20 m 以下，其中 2/3 的地区为海拔低于4 m 的洼地。

（1）洪积、冲积倾斜平原。其分布在蓟州区山地丘陵地以南，地面坡度为 1/500~ 1/300，河漫滩宽 300~500 m，地面以黄土状亚砂土为主，山前地段有红色黏土。地下水资源丰富，埋藏深度为 3~5 m，水质良好。

（2）冲积平原。其分布在燕山山前洪积、冲积平原以南，滨海以西的广大地区。该平原地势低平，海拔均在 10 m 以下，地面坡度为 1/10 000~1/5 000，受河流交叉沉积影响，地面有小规模缓坡和蝶形洼地交错起伏，河流泛区分布有沙丘、沙地。

（3）海积、冲积平原。其分布在宁河、潘庄、北仓、杨柳青一线以南，南运河以东，汉沽、塘沽、甜水井一线以西，海拔在 2.5 m 左右，地面坡度小于 1/5 000，地面河网密布。

（4）海积平原。其位于海积、冲积平原以东和蔡家堡—驴驹河一线之间的狭长地带，海拔 1~3 m，地面坡度小于 1/10 000，现仍受海水影响，多盐滩、沼泽和低湿地，表面组成物质以盐质黏土为主。

3. 海岸带和滩涂

海岸带和滩涂位于特大高潮位线以下地区。海岸物质粒径小于 0.05 mm 的占 50% 以上，属于泥质海岸，通常有龟裂带、潮间浅滩及水下岸坡等。

1.1.3 土壤

天津市的土壤受地形影响，形成地带性土壤与非地带性土壤并存，并以非地带性土壤为主的分布形态。土壤类型主要有 6 种，即山地棕土壤、褐土、潮土、沼泽土、水稻土及滨海盐土等。

1. 山地棕土壤

其主要分布于蓟州区海拔 700~800 m 以上的山地，属本市地带性土壤，仅见于山地中；表层有枯枝落叶，下层为腐殖质层，有机质和全氮含量较高，为团粒结构，pH 值为 5.86~6.63，呈弱酸性，土层薄，受侵蚀比较严重。

2. 褐土

其多分布于蓟州区海拔 50~700 m 的低山丘陵地区，也属地带性土壤。其腐殖质层较薄，有机质及全氮含量丰富，缺磷；排水良好，无盐碱化威胁，pH 值呈中性或弱酸性，适种性广。

3. 潮土

其广泛分布于属冲积平原的宝坻、武清、宁河、静海及北辰、东丽、西青、津南。其土体构型复杂，沉积层次明显，大部分土壤有机质、全氮、速效磷含量偏低，含钙丰富，盐渍化明显。

4. 沼泽土

其主要分布在大洼底部积水地段。土壤有机质一般较高，质地黏重，在脱水条件下呈现向潮土过渡的特征。

5. 水稻土

其主要分布在近郊及汉沽、塘沽、宁河等地。天津绝大多数稻田特征不典型，土壤表土松软，心土板结，养分含量高，含盐量低。但由于水源保证率差，稻田常因缺水改为旱作田，造成土壤熟化程度回落和含盐量复升。

6. 滨海盐土

其主要分布于塘沽、汉沽、大港等地。土壤质地黏重，含盐量高，有机质含量偏低，沿岸土地多被辟为盐田，滩涂和港汊多用于虾、贝等水产养殖。

1.1.4　气候、气象

天津市位于北半球中纬度区域，属暖温带半湿润季风气候类型，四季分明，春秋短，冬夏长；春季多风，干旱少雨；夏季炎热，雨水集中；秋季天高气爽，气候宜人；冬季寒冷，干燥少雪。

天津年平均气温为 12 ℃，日平均最高温度为 26.1 ℃，日平均最低温度为 -5 ℃，全年无霜期为 180~205 d；云雨天气少，热量充足，年日照时数为 2 610~3 090 h，其中汉沽最多，宝坻最少。年超过 10 ℃积温为 4 000~4 200 ℃，年太阳总辐射量在 502.3~565.1 kJ/cm^2 之间。

天津年降水量为 500~800 mm，少于同纬度大陆东岸其他地区，年蒸发量为 1 683~1 912 mm。降水量在一年内各季分布不均，6、7、8 三个月集中了全年降水量的 75%，其中 7、8 月份的降水量占 65%。降水量年际分配不均。

天津冬季受蒙古、西伯利亚高气压控制，多刮西北风；夏季受西太平洋副热带高压影响，多刮东南风、偏南风。全年平均风速为 3.3 m/s。

1.1.5　水资源

天津市均位于海河流域最下游，是海河流域的漳卫河、子牙河、大清河、永定河、北三河等水系的汇合处和入海口，素有“九河下梢”之称。天津市境内共有一级河道 19 条、二级河道 109 条、总长约 3 000 千米。全市共有大中型水库 14 座，小型水库 60 座，水系干流闸坝 13 座，境内水库、堤坝总库容 27.15 亿 m^3。

1. 总体情况

天津市多年平均水资源总量为 15.68 亿 m^3，其中地表水资源量 10.64 亿 m^3、地下水资源量 5.9 亿 m^3（含重复计算量 0.86 亿 m^3）。人均水资源量约 100 m^3。2019 年，全市水资源总量 8.09 亿 m^3，其中地表水资源量 5.12 亿 m^3、地下水资源量 4.16 亿 m^3。

2. 天然入境水及外调水情况

2000—2019 年，天津市年均天然入境水量 12.5 亿 m^3，入境水量“北多南少”，近三年北部地区入境水量占全市 90% 以上，主要分布在潮白新河和北运河，南部地区河流入境水量不足 10%。“十三五”期间，天津市外调水主要依靠引滦、引江（南水北调中线）水源。2019 年，全市外调水量 18.85 亿 m^3，其中引滦调水 7.02 亿 m^3，南水北调中线 11.63 亿 m^3，南水北调东线应急试通水 0.20 亿 m^3。

3. 水资源利用情况

2019 年，天津市地表水和天然入境水源供水 6.44 亿 m^3、外调水供水 10.81 亿 m^3、地下水水源供水 3.90 亿 m^3、淡化海水供水 0.47 亿 m^3。用途方面，农业用水量 9.24 亿 m^3，居民生活和城镇公共用水量 7.50 亿 m^3，工业用水量 5.47 亿 m^3（本数据来源于《海河流域（天津)十四五环境保护规划》)。

1.1.6 动植物资源

天津是一个地域狭小、人口稠密的大城市,但自然条件得天独厚,同时拥有山、水、林、田、湖、海等多种生态系统,自然环境资源丰富,野生动植物种类繁多,具有突出的生物多样性优势。

天津市的植物以暖温带落叶林为主,混有温性针叶林和次生灌丛。植物区系以华北成分为主。已知的高等植物共有 1 359 种,分属于 158 科、742 属、6 亚种、127 变种、18 变型,以菊科、豆科、禾本科、蔷薇科和百合科种类最多,其次是莎草科、唇形科、玄参科、毛茛科和伞形科等。草本植物多于木本植物。国家Ⅱ级保护植物有紫椴、野大豆、珊瑚菜和葛枣猕猴桃,以及中国珍稀濒危保护植物核桃楸(近危)、黄檗(渐危)。平原地区因农业生产历史悠久,大面积自然原生植被已不存在。非地带性植被有杂草草甸、盐生草甸,且分布较广;坑塘洼淀中有芦苇沼泽植被。

天津市记录的 485 种陆生野生动物中,有国家Ⅰ级重点保护鸟类遗鸥、东方白鹳、大鸨、中华秋沙鸭等 11 种,国家Ⅱ级重点保护鸟类白琵鹭、黑脸琵鹭、疣鼻天鹅、大天鹅、小天鹅等 59 种,有国家Ⅰ级重点保护动物豹,国家Ⅱ级重点保护动物黄喉貂、斑羚。

1.1.7 天津市的自然保护区及其分布

天津市的自然保护区是能为人类提供生态资源的天津“本底”。在各种自然环境中保留下来的具有代表性的天然、半天然的生态系统是极其珍贵的。天津已正式批准建立 8 个自然保护区,其中国家级的有 3 个,市级的有 5 个,这些自然保护区集中体现了天津的自然生态系统和景观特色,它们是:

(1)蓟县中、上元古界国家自然保护区(国家级);

(2)天津古海岸与湿地国家级自然保护区(国家级);

(3)天津八仙山国家级自然保护区(国家级);

(4)天津北大港湿地自然保护区(市级);

(5)天津市团泊鸟类自然保护区(市级);

(6)天津大黄堡湿地自然保护区(市级);

(7)蓟县盘山自然风景名胜古迹保护区(市级);

(8)天津青龙湾固沙林自然保护区(市级)。

其中,天津八仙山国家级自然保护区,蓟县中、上元古界国家自然保护区和蓟县盘山自然风景名胜古迹保护区位于蓟州区北部山区,其余 5 个自然保护区位于蓟运河以南、以西的平原地区。

1.2　天津生物多样性的特点及问题

1.2.1　天津生物多样性的特点

1. 生物多样性概况

天津有山地、平原、滩涂、洼地、海岸带等多种地貌类型，生态系统多样，生物多样性也较丰富。

按群系划分，天津市生态系统的类型有 21 种，分别属于针叶林（2 种）、针阔叶混交林（2 种）、落叶阔叶林（4 种）、灌草丛（1 种）、草甸植被（1 种）、盐生植被（5 种）、沼泽植被（1 种）、水生植被（4 种）、沙生植被（1 种）等 9 个植被型。其中蓟州区由于地处山地与平原过渡区，生态系统类型最多（12 种）；中心城区作为人口密集区、开发重点区，没有生态系统类型。天津境内中国特有种目前记录的数量为 123 种，其中植物特有种为 104 种。中国特有植物数量最多的是蓟州区（103 种），最少的是中心城区（18 种）。按照物种受威胁的程度，采用《世界自然保护联盟濒危物种红色名录》确定的濒危物种级别来进行划分，天津地区受威胁物种共 37 种（动物 31 种，植物 6 种）；极危物种（CR）2 种，全部为动物类；濒危物种（EN）7 种（植物 3 种，动物 4 种）；易危物种（VU）28 种（植物 3 种，动物 25 种），受威胁物种分布最多的区域为滨海新区（18 种），其次是蓟州区（17 种）。

天津境内外来入侵的野生动物和高等植物物种有 32 种，其中入侵植物有 22 种，动物有 10 种。外来入侵物种最多的是滨海新区（29 种）。

天津市还拥有丰富的海洋生物资源，主要是浮游生物、游泳生物、底栖生物和潮间带生物，有海洋鱼类 50 种，约占黄海、渤海鱼类总种数的 1/4。天津市渤海湾和内陆水域水生生物遗传资源丰富，目前研究人员已对 10 多种水生生物的遗传多样性进行了研究和开发。

2. 植被分布特点

天津市的植被分布特点如下。

（1）无经纬度地带性变化规律。天津市面积狭小，由南到北纬向跨度不足 2º，经向跨度仅有 1.5º，且境内无特殊地形因子变化，因此，大气环流及水热条件均无显著差异，植被无地带性变化的特点，统属于暖温带落叶阔叶林显域性植被地带。

（2）垂直地带性变化较明显。植被的垂直分布仅见于北部蓟州区境内（海拔 20~1 052 m）。因为海拔较低，天津市仅有中山和低山丘陵，土壤无明显垂直分布规律，仅 800 m 以上出现棕色森林土。油松林在境内由低海拔到高海拔均有分布，但多分布在阴坡和半阳坡土壤干旱贫瘠处。而栎类林植被则具有较明显的垂直地带性规律。蓟州区海拔 800 m 左右的中山地带发育有茂盛的栎类林，其中以槲栎林为主。海拔 500 m 左右则以松、栎混交林为主，海拔 500 m 以下多出现栓皮栎林。森林被破坏后，在海拔 1 000 m 以下的任何坡面上均出现次生的灌草丛植被。

（3）非地带性植被发育旺盛。此特点最显著的是盐生草甸植被，它们分布在滨海地区，呈带状分布，具有强烈的适应盐土环境的能力，在维护海岸带、改造滩涂方面具有特殊的地位。天津坑、塘、洼、淀众多,发育有良好的芦苇沼泽植被,它们在调节水热平衡、净化空气、保护环境方面具有重要意义。平原洼地沼泽植被是天津一大特色,它们具有调节气候、保持水分、净化水体、维持水热平衡的生态功能,同时也是鱼、虾、鸟、兽优良的栖息环境,是生态－经济自然复合体。

3. 植物区系的特点

天津市植物区系的特点如下。

(1)天津市植物区系的成分有较大的混合性。天津的野生植物在世界植物区系分区上属于泛北极植物区的中国日本植物亚区,起源于北极第三纪。这个区从白垩纪以来改变不大,同时在冰期内没有受冰川的侵蚀,受中亚干燥化的影响不深,是第三纪植物区系的直接后裔,植物地理成分具有明显的混合性。

(2)植物起源具有古老性。天津常见的构树、臭椿、栾树、栎、桦、榆、槭、荆条、酸枣、黄背草、白羊草等,均为第三纪保留下来的现存优势种类。

(3)植物成分具有多源性、多样性。由于天津野生植物区系成分的混合性,其植物成分来源也比较复杂,主要来源于欧洲西伯利亚成分、欧亚大陆草原成分、东亚－北美成分、中国－日本成分、热带亲缘成分。野生植物成分的多源性也必然构成天津植物种类的多样性。

4. 动物区系的特点

天津市的动物区系有如下特点。

(1)动物区系组成具过渡性。天津市的野生动物在中国动物地理区划中属于古北界、东北亚界、华中区。天津西北面与古北界中亚亚界的蒙新区接壤,东北面与东北亚界的东北区相连,南面与东洋界中印亚界的华中区毗邻,各区之间缺少明显的天然屏障。天津动物区系组成具有明显的过渡性。

(2)动物种群具多样性、差异性。天津境内有山地、森林、平原、田野,有滨海湿地和辽阔的海域。复杂多样的生态环境为多种野生动物的栖息、繁育、迁徙提供了条件。同时天津又位于动物区系东洋界与古北界、北方型与东北型的过渡带上,动物之间的相互渗透、交混,更增加了种群的多样性和差异性。

(3)动物种群分布具不平衡性。天津的野生动物不仅在类群组成上差别较大,而且在地区分布上也是很不平衡的。从整体上看,呈现出动物在山地丘陵地区多、沿海地区多、平原地区少的分布格局。属于世界濒危及国家重点保护的鸟类则重点分布在两个地区:树栖鸟类主要分布在蓟州北部山区;水禽鸟类主要分布在沿海滩涂及湿地区。

1.2.2 生物多样性存在的问题

天津地处“九河下梢”,河流纵横,坑塘、洼淀、水库、湖泊星罗棋布。全市共有近海及滩涂湿地、河流湿地、湖泊湿地、沼泽和沼泽化草甸湿地等9种湿地类型,湿地数量、类型多且面积大,是天津市的一个重要地理特色。多年来,由于自然及人为原因,天然湿地面积缩小、功能退化,由于湿地生态环境的变化导致自然生境的衰退及物种的减少已成为明显的趋势。

1. 生境的破坏与丧失造成物种栖息地减少

工农业生产的发展和城市化进程的加快使得物种生存的原有生境遭到破坏或者丧失，造成大量物种减少甚至消失。天津的陆域湿地覆盖率由 20 世纪 50 年代的 50% 降至目前的 17% 左右，其中生态价值高的天然芦苇湿地面积仅剩约 200 km^2；滩涂湿地由 2000 年的 356 km^2 降至 150 km^2，使水禽、水鸟、鱼、虾、蟹、贝及某些蛇、蛙、兽类的栖息环境遭到严重的破坏。2012—2014 年间，鸟类种群数量明显下降，一些过去在天津观测到的湿地鸟类如今已多年未见了，如赤颈䴙䴘（1931 年记录）、黑浮鸥（1917 年记录）、黑头白鹮（1921 年记录）、斑头雁（1960 年记录）、中白鹭（1984 年记录）、绿鹭（1999 年记录）、长尾鸭（1999 年记录）等。

滨海新区的城市化和工业区的高速发展使得滨海天然湿地被大量占用，生态空间不断缩小，水生湿生植物数量减少、质量下降、滩涂大面积丧失，候鸟栖息地受到干扰，物种多样性丰富度随之下降。蓟州区北部山区开山采矿、开发旅游使森林植被遭到破坏，影响了物种的栖息、繁衍。

伴随着湿地数量和面积的大幅减少，湿地动植物种类及分布也发生了明显变化。与 20 世纪 50 年代天津湿地两栖、爬行动物的繁荣期相比，现在的湿地物种退化程度较为严重，如两栖类的北方狭口蛙、爬行类的丽斑麻蜥等现在已很少见。由于湿地养殖业的不断发展，湿地野生鱼类受到很大影响，鱼类的种类和数量呈下降趋势。例如，根据现状调查结果，大黄堡湿地水域中原有的野生型土著种鱼类几近绝迹，代之以人工养殖鱼类（鲢鱼、鲤鱼、草鱼、鲫鱼），这些养殖种类占鱼类生物量的绝大多数。根据 2009 年天津市水生生物多样性调查结果，大港水库、团泊水库由于水资源的缺乏和人为养殖活动，生态系统脆弱化，与历史调查数据相比，生物物种种类和数量大大降低。独流减河、潮白河、永定新河等河流的上游污染比较严重，生态系统很脆弱，与历史调查数据相比，物种种类和数量均大幅降低。

2. 不合理的开发利用使生物资源大量减少

在天津，许多经济鱼类年捕获量明显下降，渔捕物的种类日趋单一，种群结构低龄化、小型化；捡拾鸟蛋、过度猎捕等导致湿地水禽种群数量大幅度下降。特别是在鸟类迁徙季节，少数人使用排铳、地枪、农药等，不择手段地进行猎取，严重破坏了水禽资源，同时使许多生物失去栖息场所和繁殖地。目前七里海围垦严重，水面被隔成鱼坑、虾池，滩涂、涉水芦苇消失，景观单一，鸟类栖息环境减少，尤其是涉禽栖息环境的减少造成涉禽种类减少。一些药用植物作为野生蔬菜进入市场，如桔梗、酸枣、沙参等野生植物遭到更大的威胁，因而有的品种濒于灭绝。山区的毛皮兽如豹猫、锦鸡等，也经常遭到捕杀，1992 年偶见的一只金钱豹已因未被保护而死亡。当代人为的活动对生物物种多样性的威胁越来越强烈，导致生态系统多样性降低和生物资源的大量减少与消亡。

3. 环境污染对生物多样性造成威胁

天津的环境污染威胁着物种多样性的持续发展。河口富营养化引起的赤潮时有发生；河流水质的下降使大量淡水鱼及其他水生动物、植物致濒，并且导致水禽、水鸟种类及数量大幅降低；其他如城乡工农业污水排放、大气污染物的排放、重金属化学物质对土壤的污染对生态环境影响巨大。污水灌溉及污水养殖仍在进行,农药及化肥用量过大,土壤残毒积累等都威胁着物种多样性。

4. 生物多样性保护与管理方面存在诸多问题

天津市生物多样性保护方面的法律政策体系和管理长效机制还不健全,生物多样性保护工作尚未全面开展;城镇化和工业化进程加快,工农业生产及生活污染排放侵占和破坏了物种栖息地;相关资金投入严重不足,保护和管理水平不高,基础科研能力较弱,难以应对生物多样保护面临的新问题;生物物种资源家底尚未摸清,调查和编目任务繁重;生物多样性监测和预警体系尚未建立;全社会生物多样性保护意识尚需进一步提高。

第 2 章　天津自然保护区综述

自然保护区是指对有代表性的自然系统、珍稀濒危野生动植物物种的天然集中分布区、有特殊意义的自然遗迹等保护对象所在的陆地、陆地水体或者海域，依法划出一定面积予以特殊保护和管理的区域。自然保护区的主要功能是保护自然生态环境和生物多样性，保证生物遗传资源和景观资源能够可持续利用，为科学研究、科普宣传、生态旅游提供基地。近年来，随着全球生物多样性保护的兴起和人类环境意识的提高，自然保护区建设得到世界各国的普遍重视，并已成为一个国家文明和进步的重要标志。

通过建立自然保护区保护具有典型意义的自然生态系统、地质遗迹和珍稀濒危物种，对每个国家都具有重要意义。我国的自然保护区从无到有、由小到大，逐步形成了类型比较齐全、布局比较合理、功能比较健全的全国自然保护区网络。截至 2017 年年底，全国共建立各种类型、不同级别的保护区 2 750 个，总面积约为 147.33 万 km^2，约占全国陆地面积的 14.88%，其中国家级自然保护区有 469 个。在自然保护区建设发展的同时，自然保护区的管理工作也得到了加强。目前，天津市共建有各类自然保护区 8 处，面积达 906 km^2，基本涵盖了天津市重要的生态系统、珍稀濒危动植物物种和古地质遗迹。

2.1　天津自然保护区的特点

天津的自然保护区有如下特点。

（1）自然保护区突出本区湿地特色。天津地处“九河下梢”，地势低洼，历史上曾经渔苇满塘，素有“北国江南、水乡泽国”之称。在这片土地上，发育着有茂盛芦苇的沼泽湿地，和森林植被一样，起着调节平原气候、维持生态平衡的作用。虽然现在平原芦苇沼泽湿地大幅缩减，但仍是天津最重要的、有突出特色的自然生态系统。天津 8 处自然保护区中，有 4 处自然保护区是以湿地生态系统及其栖息生物为主要保护对象的，面积达 603.71 km^2（其中古海岸与湿地国家级自然保护区只包括七里海湿地部分），占全部保护区面积的 66.6%。

（2）自然保护区具有独特和多样的特点。中、上元古界地层剖面真实记载着地球演化距今 18 亿至 8 亿年前的地质历史，天津古海岸与湿地国家级自然保护区中贝壳堤、牡蛎礁及古潟湖湿地共存，均为世界所罕见，是中外地质、地理、历史、考古领域专家注目的地方。天津自然保护区不仅包含了记载地球演化的世界罕见的地层剖面、古生物化石、古生物遗迹，还包含了湿地、森林、海洋等多种自然生态系统，在我国一个省（市）中有多种不同类型的自然保护区是较少见的。

（3）自然保护区具有多功能性。天津的自然保护区不仅保护了稀有的动植物资源和原始的生态系统，还对天津的经济发展起到了促进作用。如八仙山国家级自然保护区位于天津引滦水库的上源，对涵养水源、净化空气、增加降水发挥着很大的作用，而且具有一定科研、旅游价值,因而需要积极开发自然保护区,发挥其多功能作用。

(4)自然保护区地域组合具有整体性。天津各自然保护区具有较好的组合关系。从空间上看,自然保护区从山区到平原再到沿海呈线状分布,组合完整。从时间分布上看,天津有古老的地层,从元古界,到全新世古海岸,几乎跨越了地质史。从自然保护区类型看,自然风景保护区与文物古迹遗址、遗迹交相辉映,有机组合,融为一体,内容丰富,独具特色。这种组合为保护区的开发利用提供了优越的条件和基础。

2.1 自然保护区的发展历程

自然保护区是自然资源库,是生物基因库,也是天然博物馆。建立自然保护区的目的在于合理地开发利用资源,避免盲目地干扰和破坏自然,造成生态平衡失调。天津市自然保护区的发展历程与国家自然保护区的发展历程息息相关。

2.1.1 我国自然保护区的发展历史

1. 起步阶段(1956—1966年)

我国自然保护区的建立始于1956年。同年10月,原林业部发布《天然森林禁伐区(自然保护区)划定草案》和《狩猎管理办法》。1956年我国在广东省肇庆市建立了以保护南亚热带雨林为主的第一个自然保护区——鼎湖山自然保护区。至1966年,我国正式建立的自然保护区有19处,面积达6 490 km^2。

2. 停滞与缓慢发展阶段(1966—1978年)

“文革”期间,我国不仅没有建立新的保护区,一些已建的自然保护区也受到了一定程度的破坏。1973年召开的第一次全国环境保护工作会议讨论并通过了我国《自然保护区暂行条例(草案)》。1975—1978年我国新建34个自然保护区,面积达12 650 km^2。至1978年,我国自然保护区有53个,面积为19 140 km^2。

3. 快速发展阶段(1978—2008年)

“文革”结束后,邓小平同志于1978年就加强武夷山生物资源保护作出重要批示,并推动建立了武夷山自然保护区。同时,1978年宪法颁布实施后,国家相继颁布实施了《中华人民共和国环境保护法》《中华人民共和国森林法》《中华人民共和国草原法》《中华人民共和国自然保护区条例》等一系列法律法规,使我国的自然保护区事业逐步走向正轨,并由此进入一个持续快速发展的阶段。这一时期也成为我国自然保护区发展的“黄金时期”,到2008年底,全国共建立自然保护区2 538个,总面积约149万 km^2,约占全国陆地面积的15.5%,平均每年新增自然保护区83个,新增自然保护区面积4.9万 km^2,基本形成了类型比较齐全、布局基本合理、功能相对完善的自然保护区网络。

4. 稳固完善阶段(2008年至今)

随着我国工业化、城市化走上快车道,由于各种利益冲突升级,以及国家对自然保护区投入严重不足等原因,导致2007年以来我国自然保护区建设基本处于停顿乃至下降状态。

“十二五”期间，国家发展改革委、财政部安排专项资金用于自然保护区开展生态保护补偿等政策，支持国家级自然保护区开展管护能力建设、实施湿地保护恢复工程等，使自然保护区发展回归到了稳定状态。2010 年，国务院针对全国自然保护与开发矛盾日益突出等问题，出台了《关于做好自然保护区管理有关问题的通知》。2015 年，原环境保护部等 10 部门印发《关于进一步加强涉及自然保护区开发建设活动监督管理的通知》，2017 年，联合多部门开展“绿盾”自然保护区监督检查工作。原国家林业局开展“绿剑行动”，坚决查处涉及自然保护区的各类违法建设活动。目前全国共建立各种类型、不同级别的自然保护区 2 750 处，陆域保护区总面积达 1.47 亿 hm^2，覆盖了国土面积的 14.8%。

2.1.2　天津自然保护区的发展历程

天津市自然保护区的发展分为 3 个阶段。

1. 自然保护区创建扩大阶段（1982—2006 年）

天津市自然保护区的筹建工作始于 20 世纪 80 年代初。1982 年 6 月，天津市召开第一次自然保护工作座谈会并发出创建自然保护区的呼吁，自然保护区的筹建工作被提上日程。会后市环保局以“津环保调〔1982〕115 号”文，向市人民政府呈报关于建立蓟县剖面等自然保护区的意见及工作建议；随后，提出了率先建立蓟县剖面、盘山、八仙桌子、贝壳堤自然保护区的实施方案，并开展考察、调研工作。1984 年 10 月 18 日，国务院以“〔84〕国函字 148 号”文批复天津市人民政府，同意将蓟县中、上元古界剖面列为国家级自然保护区（面积 8.0 km^2），由天津市政府领导，环保部门负责管理，地质部门予以配合。

1984 年 12 月 30 日，天津市人民政府批复市农业区划委员会《关于建立自然保护区的报告》（津农区委），发布《关于同意建立蓟县中、上元古界地质剖面等四个自然保护区的函》（津政办函〔1984〕101 号），除蓟县中、上元古界地质剖面自然保护区外，批准新建立蓟县盘山自然风景名胜古迹保护区，总面积 7.1 km^2，由市园林局负责管理；建立蓟县八仙桌子森林生态自然保护区，面积 4.16 km^2，由蓟县人民政府负责管理；建立南郊区（现津南区）西泥沽、巨葛庄贝壳堤自然保护区，面积 1.0 km^2，由市地矿局负责管理。至此，天津市的自然保护区总面积达 20.26 km^2，占天津陆域国土面积的 0.17%，结束了天津没有自然保护区的历史。

1990 年原为县级自然保护区的八仙桌子森林生态自然保护区经天津市政府批准升格为市级自然保护区，保护区面积扩大为 10.49 km^2；1995 年 11 月，经国务院同意，其进一步升格为国家级，并定名为天津八仙山国家级自然保护区。1992 年 10 月 27 日，国务院以“国函〔1992〕166 号”文，批准建立天津古海岸与湿地国家级自然保护区，使原为市级的贝壳堤自然保护区升格为国家级自然保护区，保护范围扩大到 990 km^2，明确由天津市海洋局负责管理。1995 年，天津市政府以“津政函〔1995〕37 号”文，批准建立天津市团泊鸟类自然保护区，面积为 60 km^2；2001 年，天津市政府以“津政函〔2001〕163 号”批准建立天津北大港湿地自然保护区，面积为 442.4 km^2，2004 年保护区进行调整，面积调整为 434.95 km^2；2005 年，天津市政府以“津政函〔2005〕101 号”批准建立天津大黄堡湿地自然保护区，面积为 112 km^2；

2006 年,市政府以津政函〔2006〕36 号文,批准建立天津青龙湾固沙林自然保护区(市级)面积为 4.16 km^2。至此,天津市自然保护区共有 8 处,其中国家级的有 3 处,总面积达 1 627.7 km^2,占天津市陆域国土面积的 13.66%。

二、自然保护区调整发展阶段(2007—2015 年)

在这个阶段,由于经济快速发展,结合自然保护区因抢救性划建时弊端较多需调整的客观需求以及天津市重大项目的实施,天津市对多个自然保护区边界范围进行了调整。受自然保护区划定时技术条件和认识水平的限制,一些保护价值不高的区域被划入自然保护区。另外,一些地方政府为了提高知名度,初期对保护区的建立非常重视,可建立后发现保护区的管理要求严格,因而把保护区的保护与地方经济发展对立起来,认为建立自然保护区会阻碍地方经济发展。在此阶段,保护区与地方经济发展矛盾突出,为解决两者之间的矛盾,天津市对多个自然保护区进行了调整。

在此阶段,继 2004 年调整后, 2008 年北大港湿地自然保护区由于重大基础设施项目再次进行了调整,官港湖、独流减河与北大港水库中间预留管廊等区域被调出自然保护区,调整后保护区面积为 348.87 km^2,减少了 86.08 km^2。为支持团泊新城建设及 2013 年全运会在天津的举办,团泊鸟类自然保护区在 2008 年进行了调整,调整后面积为 60.4 km^2,2014 年重新勘界确认面积实为 62.7 km^2,面积增加了 2.3 km^2。天津古海岸与湿地国家级自然保护区由于划保护区时基础性勘察经费不足,为了防止保护对象遭到破坏,划定保护区实验区时采取了“抢救性保护”“宜大不宜小”的原则,因而划定的保护区(尤其是实验区)面积过大,范围不尽合理。2008 年该保护区开展了保护地范围的调整工作, 2009 年经国务院批复同意,保护区面积由原来的 990 km^2 减少到 359.13 km^2,减少了 630.87 km^2。2013 年,大黄堡湿地自然保护区面积调整为 104.65 km^2。至此,全市保护区面积达 906 km^2,占天津市陆域国土面积的 7.6%。

三、自然保护区稳固完善阶段(2013 年之后)

党的十八大以来,国家和政府的着眼点更多地放在自然资源和生态保护上,生态保护受到前所未有的重视。

2015 年,原环境保护部等 10 部委联合印发《关于进一步加强涉及自然保护区开发建设活动监督管理的通知》;同年,《环保督察方案(试行)》审议通过,在 2016—2017 年,首轮中央环境保护督察解决了一大批生态环境问题,如自然保护区的违规审批、违规建设问题;2017 年 2 月中共中央办公厅、国务院办公厅就甘肃祁连山国家级自然保护区生态环境问题发出通报; 2017 年 7 月,原环境保护部、国土资源部、水利部、农业部、国家林业局及中国科学院、国家海洋局等七部门联合组织开展了“绿盾 2017”国家级自然保护区监督检查专项行动。中央环保督察、“绿盾”专项行动等一系列的大动作,频频向自然保护区存在的违法违规问题“亮剑”,体现了国家对自然保护区事业的重视和关心。

在本阶段,天津市自然保护区的保护和管理得到全面加强。《天津市湿地自然保护区规划(2017—2025 年)》《七里海湿地生态保护修复规划(2017—2025 年)》《天津市北大港湿地自然保护区总体规划(2017—2025 年)》《天津大黄堡湿地自然保护区规划(2017—2025

年)》《天津市团泊鸟类自然保护区规划(2017—2025 年)》等系列规划由天津市委、市政府正式印发执行。2016 年,《天津市湿地保护条例》发布实施。天津市并发布了《天津市重要湿地名录(第一批)》。《天津市湿地保护修复工作实施方案》《天津市湿地生态补偿办法(试行)》相继实施。2017—2019 年"绿盾"自然保护区监督检查专项行动使自然保护区内违法违规建设活动得到有效遏制,涉及违法违规的问题已全部进行查处并制定整改措施,拆除违法违规建筑面积约 1.4 km^2。到目前为止,以湿地生态系统为主要保护对象的自然保护区核心区和缓冲区已基本完成土地流转,湿地修复工作正在进行,计划修复湿地面积达 95 km^2,以全面提升保护区的生态质量。

2.3　自然保护区的类型与级别

根据《自然保护区类型与级别划分原则》(GB/T 14529—1993),我国自然保护区分为 3 大类别、9 个类型。第一类是自然生态系统类,包括森林生态系统类型、草原与草甸生态系统类型、荒漠生态系统类型、内陆湿地和水域生态系统类型、海洋和海岸生态系统类型自然保护区;第二类是野生生物类,包括野生动物类型和野生植物类型自然保护区;第三类是自然遗迹类,包括地质遗迹类型和古生物遗迹类型自然保护区,见表 2-1。

表 2-1　中国自然保护区类型划分

类别	类型
自然生态系统类	森林生态系统类型
	草原与草甸生态系统类型
	荒漠生态系统类型
	内陆湿地和水域生态系统类型
	海洋和海岸生态系统类型
野生生物类	野生动物类型
	野生植物类型
自然遗迹类	地质遗迹类型
	古生物遗迹类型

1. 自然生态系统类自然保护区

这是指以具有一定代表性、典型性和完整性的生物群落和非生物环境共同组成的生态系统作为主要保护对象的一类自然保护区。例如,广东鼎湖山自然保护区,保护对象为亚热带常绿阔叶林;甘肃连古城自然保护区,保护对象为沙生植物群落;吉林查干湖自然保护区,保护对象为湖泊生态系统。

2. 野生生物类自然保护区

这是指以野生生物物种,尤其是珍稀濒危物种种群及其自然生境为主要保护对象的一类自然保护区。例如,黑龙江扎龙自然保护区,保护以丹顶鹤为主的珍稀水禽;福建文昌鱼自然保护区，保护对象是文昌鱼；广西上岳自然保护区，保护对象是金花茶。

3. 自然遗迹类自然保护区

这是指以特殊意义的地质遗迹和古生物遗迹等作为主要保护对象的一类自然保护区。例如，山东的山旺自然保护区，保护对象是生物化石产地；湖南张家界森林公园，保护对象是砂岩峰林风景区；黑龙江五大连池自然保护区，保护对象是火山地质地貌。

2.3.1 自然保护区的类型

天津市共有 4 种自然保护区类型，分别是森林生态系统类型自然保护区（3 个），面积共 21.75 km²；内陆湿地和水域生态系统类型自然保护区（3 个）；海洋与海岸生态系统类型自然保护区（1 个），地质遗迹自然保护区类型自然保护区（1 个）。

按自然保护区的类型分析，在数量上，天津市自然保护区以森林生态系统、内陆湿地和水域生态系统为主，分别占全市保护区总数的 37.5%；在面积上，内陆湿地和水域生态系统、海洋与海岸生态系统保护区面积大，分别约占全部自然保护区总面积的 57% 和 40%。

2.3.2 自然保护区的级别

截至目前，天津市共建立自然保护区 8 个，总面积达 906 km²，占全市陆域国土总面积的 7.6%。其中，已建国家级自然保护区 3 个，面积为 378.52 km²，数量占全市自然保护区总数的 37.5%，面积约占全市保护区总面积的 41.8%，占全市陆域国土面积的 3.18%，国家级自然保护区的面积在天津市占有较高的比例。天津市已建市级自然保护区有 5 个，面积为 527.48 km²，数量占全市自然保护区总数的 62.5%，面积约占全市保护区总面积的 58.2%，占全市陆域国土面积的 4.43%。

2.4 自然保护区的管理

在 2018 年新一轮国家机构改革前，我国自然保护区采用综合管理与分部门管理相结合的管理体制。按资源实体的不同，保护区分别由资源实体主管部门分别管理，林业部门负责森林、湿地、荒漠、陆生野生动物和野生植物类型自然保护区的管理，农业部门负责草原和水生野生动植物类型自然保护区的管理，国土部门负责地质遗迹和古生物遗迹类型自然保护区的管理，海洋部门负责海洋类型自然保护区的管理，环保部门作为综合管理部门。国家机构改革后，自然保护区的管理职责与监管职责分开，厘清了综合部门与主管部门之间的责权利关系。自然资源实体管理部门分别对不同类型的自然保护区行使管理权，负责自然保护区的发展规划、技术规范建设、体系建设、有偿使用、行政执法、成效监测和目标考核。生态环境部门不直接管理自然保护区，而是统一行使自然保护区的监管权，负责自然保护区的红线管控、用途管制、行为监督、资产审计和损害追责等。

2.5　自然保护区的发展前景

党的十八大以来，在国家建设生态文明的背景下，中国的自然保护和保护地体系建设迎来新的历史时期。2017 年 9 月 26 日，《建立国家公园体制总体方案》出台，首次明确了构建以国家公园为代表的自然保护地体系的顶层设计思路。建成具有天津特色的自然保护地体系，推动各类自然保护地科学设置，创新自然生态系统保护的体制机制模式，建设健康、稳定、高效的自然生态系统，这些都会为维护生态安全和实现经济社会可持续发展筑牢基石，为建设美丽天津奠定生态根基。

2021 年，天津市正在进行各类自然保护地的优化整合，计划选划国家海洋公园纳入自然保护地保护范围，编制完成全市自然保护地规划和各自然保护地总体规划，完善自然保护地体系的管理和监督制度，提升自然生态空间承载力，初步建成以自然保护区为基础，风景名胜区、海洋公园、湿地公园等自然公园为补充的自然保护地体系，显著提高自然保护地的管理效能和生态产品供给能力。

同时，如何在不突破现行自然保护区相关法律法规的情况下，坚持自然保护区健康发展，当地社区绿色发展、和谐发展，是自然保护区管理部门、当地政府、有关部门和社区面临的一个挑战。如何创新管理模式，怎么迈出绿色发展的步伐，既要绿水青山，也要金山银山，值得每个利益相关者去深思。这需要我们为自然保护区构筑绿色盾牌，确保青山常在，绿水长流。

第 3 章　天津国家级自然保护区

3.1　蓟县中、上元古界国家自然保护区

蓟县中、上元古界国家自然保护区于 1984 年 10 月 18 日经国务院批准建立，这是天津有史以来建立的第一个自然保护区，也是我国建立的第一个国家级地质类自然保护区。其保护对象是：形成于中、新元古代的地层剖面，世界瞩目的“世之瑰宝”——“蓟县中、新元古界”剖面①；古生物化石和石生物遗迹；指示古环境、古气候的叠层石、沉积构造以及古地磁、地质年代信息等。

蓟县中、上元古界国家自然保护区坐落于天津市蓟州区北部山区，北起北齐长城脚下的常州村，南至蓟州城区北部府君山，保护区地理范围在东经 117° 16′ ~117° 30′ 和北纬 40° 16′ ~40° 21′ 之间，南北长约 2.4 km，东西平均宽约 350 m，由 7 个条带组成，最窄处约 20 m，总面积约为 8.4 km^2。该保护区东连天津八仙山国家级自然保护区，西临盘山国家级自然风景名胜区，北依河北省兴隆区雾灵山国家级自然保护区，南望华北大平原。

蓟县中、上元古界国家级自然保护区由北至南共有 7 段，尚未进行保护区的功能分区，各个区域的边界范围分述如下。

（1）常州村—青山岭村段。常州村—青山岭村段位于下营镇东北，马营公路以北，为保护区最北段。该段面积为 1.3 km^2，周长为 12 km。

（2）桑树庵村段。桑树庵村段涉及下营镇东南与罗庄子镇东北。该段面积为 2.0 km^2，周长为 14.8 km。

（3）花果峪村段。花果峪村段位于罗庄子镇东南与穿芳峪乡接壤处，马平公路穿越该段，该段面积为 0.6 km^2，周长为 3.3 km。

（4）磨盘峪村段。磨盘峪村段位于罗庄子镇东部，马平公路以南，该段面积为 2.3 km^2，周长为 11 km。

（5）桑园村段。桑园村段位于罗庄子镇西北，该段面积为 0.2 km^2，周长为 7.7 km。

（6）二十里铺村段。二十里铺村段位于罗庄子镇中部，津围公路北侧，该段面积为 0.2 km^2，周长为 4.8 km。

（7）小岭子村段。小岭子村段位于渔阳镇北部，该段面积为 2.3 km^2，周长为 11.2 km。

① 2002 年，全国地层委员会编制的《中国区域年代地层地质年代表》，将“中、上元古界”更名为“中、新元古界”，但保护区名称目前尚未变更。本书中除保护区名外，其他处均使用“中、新元古界”。

3.1.1　自然地理概况

1. 地质

蓟县中、上元古界国家自然保护区所保护的地层是形成于距今 18 亿 ~8 亿年间的蓟县中、新元古界沉积岩层，岩层总厚度达 9 197 m，分为 3 系 12 组 105 个地层单元，主要岩石为碎屑岩类的砾岩、砂岩，黏土岩类的页岩、泥岩和碳酸盐类的白云岩、石灰岩。下伏地层为距今约 25 亿年的太古界迁西群跑马场组角闪斜长片麻岩变质岩系。上覆地层为距今约 5.4 亿年的古海岸相沉积的下寒武统沧浪铺阶府君山组碳酸盐类岩石。

“吕梁运动”后形成的燕辽沉降带奠定了蓟县中、新元古界地层发育的基础，中生代“燕山运动”使燕辽沉积带的沉积层褶皱隆起为燕山山脉，并同时伴有断裂的岩浆侵入活动。保护区内主要的断裂带有：黄崖关—罗庄子断裂；洪水庄—蓟县城关断裂；常州沟断裂；桑园—城下断裂等。

2. 地貌

蓟县中、上元古界国家自然保护区的地貌轮廓始成于中生代燕山运动时期，主要地貌类型有中山、低山、丘陵、盆地、宽谷、峡谷等。中山、低山主要分布在保护区北部古长城沿线一带的石英岩系分布区。由于石英岩坚硬，抗侵蚀风化能力强及受断裂构造的影响，常形成山高、坡陡、谷深、气势巍峨的地貌景观。丘陵、宽谷、盆地分布在保护区中南部的砂页岩、石灰岩、白云岩分布区，一般海拔 300~500 m，山体浑圆，坡度缓，土层厚。保护区的地势北高南低，北端的九山顶主峰海拔 1 078 m，是天津市最高峰；最南端的府君山海拔 350 m；中部有一些宽谷、盆地，海拔 100~200 m，地势平缓。

3. 土壤

保护区受气候、岩性等影响，土壤类型以棕壤土和褐土为主。海拔 800 m 以上的中山区年降水量超过 800 mm，森林覆盖率在 60% 以上，发育了山地棕壤土，是华北暖温地带性土壤类型之一；海拔 800 m 以下的低山、丘陵区年降水量小于 800 mm，发育了淋溶褐土，属于华北暖温带的一种地带性土壤类型。

4. 地下水

本保护区内贮存着极为丰富的地下水资源。由于保护区内出露着不同岩性的地层，水文地质特征明显不同，地下水的赋存条件有巨大的差异。长城系常州沟组、串岭沟组、团山子组、大红峪组地层以坚硬的石英砂岩、石英岩、细砂岩和粉砂质页岩为主，属于隔水层或弱含水层；高于庄组地层主要是白云岩、白云质灰岩、燧石白云岩和含锰白云岩，岩溶、裂隙发育，赋水条件较好。蓟县系除洪水庄组地层的页岩和粉砂质页岩赋水条件差外，杨庄组、雾迷山组、铁岭组地层均以白云岩占优势，岩溶、裂隙发育，地层赋水条件佳，地下水径流条件好，是北部山区地下水开采的重点含水岩层。青白口系下马岭组、井儿峪组地层岩性复杂多变，以砂岩、页岩为主，层间夹有泥质灰岩、砂砾岩。虽然岩层本身赋水条件欠佳，但由于受断层影响较大，裂隙较发育，除页岩地层外，其余仍能开采出较丰富的基岩地下水。

从地质构造来看，保护区内碳酸盐地层分布广、厚度大，岩溶、裂隙发育，分布着穿芳峪贮水构造、磨盘峪贮水构造、赵家峪贮水构造、蓟州区贮水构造，赋存着丰富的优质地下淡水资源。经分析化验证实，保护区内基岩地下水属于单一的重碳酸钙镁型水，80% 的指标已达到国家规定的矿泉水标准，具有很大的潜在开发价值。

5. 植被

由于本保护区的植被大多受到人为影响，森林多为天然次生林与人工林。北部中、低山区分布着属落叶阔叶杂交林的蒙古栎林，它们是华北暖温带落叶阔叶林地带性植被类型的典型代表，仍然保留着原始森林的某些特征。南部丘陵地区普遍分布的是原始森林被破坏后自然更新的灌草丛植被和人工抚育的用材林、经济林植被。自然更新的植被虽然面积不大，但因处在从暖温带到温带的过渡区以及从湿润区到干旱区的过渡带内，这里的植物具有区系成分多（有华北区系、热带区系、亚热带亲缘区系、东北区系、蒙古草原区系、西伯利亚区系等）、植被类型多（针叶林、针阔叶混交林、落叶阔叶林、灌草丛等）、植物种类多等特点，其中还有一些属国家重点保护的植物。

3.1.2 保护区的历史沿革

蓟县剖面是我国地质学家高振西等人发现并率先进行科学研究的。1931 年，高振西教授等发现蓟县一带的震旦地层，描述了岩性，进一步划分了地层。1934 年，高振西和熊永先、高平以《中国北部震旦纪地层的初步研究》为题名，在《中国地质学会志》第 13 卷上披露了研究成果，从此蓟县剖面便成为我国北方震旦地层的标准剖面，并为国内外地质学界所重视。"震旦"一词作为晚前寒武纪地层的名称而确定其定义。1939 年，著名地质学家李四光教授在《中国地质学》一书中称"在欧亚大陆同时代地层中，蓟县剖面之佳，恐无出其右者"，对蓟县剖面给予了高度评价。1959 年，全国地层会议将蓟县剖面定为我国中、上元古界标准剖面。1975 年，我国确定了南北方"震旦"地层的对比关系，蓟县剖面被公认为"震旦亚界"长城系、蓟县系和青白口系的标准。1983 年，全国地层委员会决定将蓟县剖面作为我国中、新元古界长城系、蓟县系和青白口系的通用划分标准。

1984 年 10 月，国务院以"国函字〔84〕148 号文件"批准建立天津市蓟县中、上元古界国家自然保护区。1985 年 7 月，天津市人民政府以"津政发〔1985〕123 号文件"批准建立天津市蓟县中、上元古界国家自然保护区管理所，作为自然保护区的管理机构。

1993 年，经中华人民共和国人与生物圈国家委员会批准，天津市蓟县中、上元古界国家自然保护区被纳入"中国人与生物圈保护区网络"。

1998 年，全国地层委员会办公室发布《关于推荐中国地质年代表的通告》，通告中，将元古宙（宇）分为古元古代（界）、中元古代（界）、新元古代（界）。其中，中元古代（界）又分为长城纪（系）（1 800 Ma—1 400 Ma）和蓟县纪（系）（1 400 Ma—1 000 Ma），新元古代（界）分为青白口纪（系）（1 000 Ma—800 Ma）和震旦纪（系）（800 Ma—600 Ma）。至此，蓟县剖面三纪（系）正式被列入中国地质年代表，成为我国"中、新元古代（界）"的正式地质年代单位。

3.1.3　自然资源与主要保护对象

3.1.3.1　自然资源

1. 矿产资源

在蓟州区，中、新元古界地层中赋存着多种金属和非金属矿产资源，根据蓟县中、上元古界国家自然保护区管理处 2005 年科学考察的结果，并参考河北省地矿局、天津地矿局和天津地矿所等多家单位对蓟县剖面的长期工作所得数据，现已初步查明在蓟县剖面 8.9 km^2 的范围内有：金、钨、钼、铅、锌、锰、硼、硫铁矿、磁铁矿、赤铁矿等金属矿产资源；石灰石、海泡石、紫砂陶土、砖瓦用页岩、重晶石、白云岩石料、石英砂以及长石矿、钾泥岩、麦饭石、铀磷矿、黏土矿、高岭土矿、油石矿、磷灰岩矿、石膏矿、大理岩、花岗岩等非金属矿产资源。

2. 生物资源

蓟州北部山区是燕山山脉的一部分，这里植被茂密，动植物种类繁多，野生生物资源相当丰富。植物区系组成情况如下。

本保护区已查明的高等植物共有 847 种，其中属于国家重点保护及《中国植物红皮书——稀有濒危植物》记载的植物有银杏、黄檗、核桃楸、啄核桃、草苁蓉、肉苁蓉、野大豆等，分属于 128 科、340 属。其中苔藓植物有 14 科、23 属、33 种；蕨类植物有 17 科、19 属、34 种；裸子植物有 3 科、4 属、4 种；被子植物有 94 科、294 属、776 种。植物区系组成比较丰富，类型齐全，基本具有我国北部地区植物的各种常见种。

3.1.3.2　保护对象及保护价值

1. 保护对象

天津市蓟县中、上元古界国家自然保护区的主要保护对象是特殊地质遗迹——中、新元古界地层剖面，该剖面地层总厚度达 9 197 m，分为长城系、蓟县系、青白口系，共计 3 系、12 组 105 个地层单元。蓟县剖面就像一部巨厚的“石头记”，真实地记录着地球距今 18 亿 ~8 亿年间的地质演化史，贮存着反映当时古地理、古气候、古生物、古构造、古地磁等大量的自然信息以及多种金属、非金属矿产资源。该剖面因岩层齐全、出露连续、保存完好、顶底清楚、构造简单、基本未变质和古生物化石丰富等得天独厚的特色具有极高的科研价值和保护价值。

2. 保护价值

1）科研价值

（1）蓟县剖面厚近万米的岩层完整地记录了中、新元古代 10 亿年的地球演化史。随着科学技术的不断发展，通过科技手段对其进行分析，可解读和诠释地球形成、生物进化的过程，攻克距今 18 亿 ~8 亿年那段时间的重大地质科学谜团，为地学领域多学科研究提供有价值的理论依据和实验平台。

（2）蓟县剖面古生物化石丰富，就目前掌握的资料和研究成果来看，无论是从已有 18 亿年地质历史的长城化石群产出的单细胞真核生物化石，还是多细胞生物化石，均为古生物研究领域提供了广阔的研究空间。

（3）蓟县剖面重要的地质现象和地质遗迹众多，如“泥裂”“波痕”“锥叠层石切顶”“喷气孔构造”“风暴沉积”和“雨痕”等。叠层石如图 3-1 所示，火山熔岩如图 3-2 所示。

（4）蓟县剖面蕴藏着大量的自然信息，对于地球的演变和生物进化的研究有着重要的科学价值。同时，众多的金属、非金属矿产资源信息，因具有标准性和典型性，对其他地区的矿源勘探无疑具有很高的实用价值和指导作用。

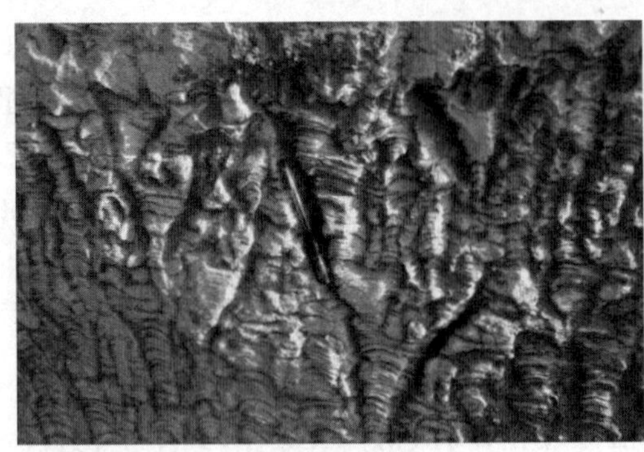

图 3-1　叠层石　　　　图 3-2　火山熔岩

2）典型的全球价值

（1）蓟县剖面代表的地质历史最长，按地球形成约 46 亿年计算，蓟县剖面代表的地质历史即占整个地球历史的 1/4.6，剖面时限之长，底界年龄之悠久首屈一指。在长达 10 亿年的沉积过程中，该剖面变质极浅、出露连续、构造简单、顶底清楚，它不仅从连续性、完整性、自然性上显现其意义，而且从含有古生物化石、多种地质信息和丰富的矿产资源来看，确属全球最佳剖面。

（2）蓟县剖面所处地理位置优越，交通便捷。整个剖面从老到新连续展布在长 24 km 的一线上，核心剖面和重要地段均有公路连接。与同时代地层剖面相比较，蓟县剖面在地域、交通等多方面均优于国外的地层剖面。

（3）蓟县剖面作为标准层型剖面被国际地质科学联合会和国际地质对比计划 118 项目工作组推举为世界三个层型剖面候选地之一，是有其深层次原因的，突显出国际地科联组织对蓟县剖面的认可。

（4）蓟县剖面作为标准层型剖面，为国内外地质科研、信息技术交流搭建了平台，许多中外专家、学者在蓟县剖面的多学科、多领域做过大量的研究工作。

（5）到目前为止，蓟县剖面已发现全球公认的最早的单细胞真核生物化石和多细胞真核生物化石，以及一系列世界上最古老的地质现象，如形成于距今约 13 亿年的沉积海泡石矿床和最古老的喷气孔构造等，这些重大发现一经披露即引起了国内外地质专家、学者的广泛关注。

3.1.4　中、新元古界剖面与中、新元古界的古生物

3.1.4.1　中、新元古界剖面

目前，蓟县剖面采用的是 3 系 12 组的划分方案（图 3-3），3 系分别为长城系、蓟县系和青白口系，12 组分别为常州沟组、串岭沟组、团山子组、大红峪组、高于庄组、杨庄组、雾迷山组、洪水庄组、铁岭组、下马岭组、长龙山组和井儿峪组。

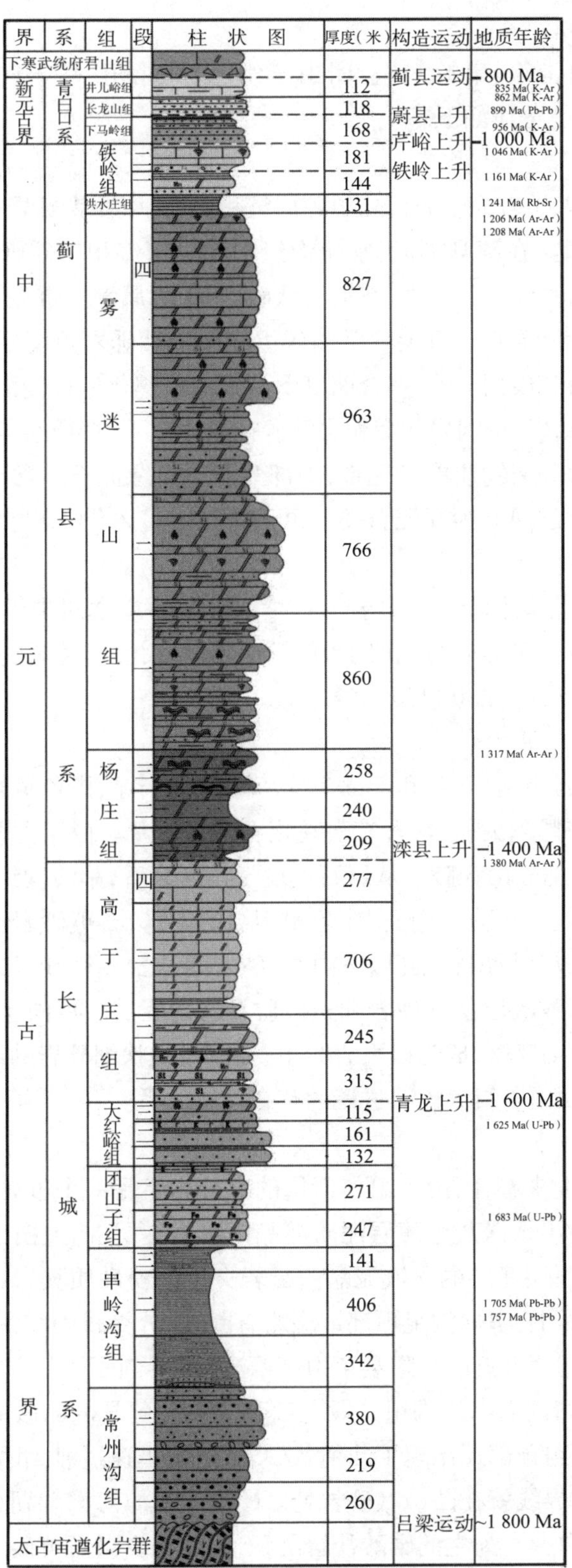

图 3-3　蓟县中、新元古界剖面柱状图

1. 长城系

长城系分为常州沟组、串岭沟组、团山子组、大红峪组、高于庄组 5 个组，总厚度为 4 204 m。各组基本特征分述如下。

1）常州沟组

常州沟组为一套以砂岩为主的粗陆源碎屑沉积岩系，主要为砾岩、砂岩、粉砂岩，夹少量粉砂质页岩、砂质页岩。在蓟县剖面，常州沟组下部为河流相杂砂砾岩和含砾粗砂岩夹砾岩；中部为滨海沙滩相浅紫红色砂岩、石英岩状砂岩；上部属潮汐带泥－砂相的中厚层、板状石英砂岩，与薄层状粉砂质页岩互层。常州沟组底部以砂砾岩角度不整合覆于太古宙遵化岩群石榴角闪斜长片麻岩之上。不整合面以下是太古宙遵化岩群受混合岩化的铁铝榴石角闪岩相的角闪斜长片麻岩、角闪岩和变粒岩等。接触面以下，变质杂岩有古风化壳。风化壳分 3 带，上部为白色含碎屑物质的黏土带；中部为灰绿色绿泥石－黏土带；下部为风化片麻岩带，其中的暗色矿物已蚀变为绿泥石类。再下为无明显风化、蚀变的变质岩，保留了原岩结构和矿物成分。

常州沟组顶部与上覆串岭沟组页岩为连续过渡关系。常州沟组石英岩状砂岩的厚度大，岩石坚硬、不易风化，多形成与地层走向一致的巍峨山岭。著名的万里长城在燕山地区有相当一部分建在本组石英岩状砂岩山脊之上。

2）串岭沟组

串岭沟组以泥质岩为主，下部和上部为滨海潮间带灰绿、黑色页岩，含砂岩凸镜体和条带；中部为潮下低能带黑色页岩，常含有宏观化石碳质碎片。由于泥质岩质软，多风化成碎片，在地貌上形成舒缓的低山丘陵。从岩石地层学角度来看，串岭沟组与下伏的常州沟组之间有一个过渡型的界线。在蓟县剖面，在常州沟组的上部，石英砂岩的单层厚度逐渐变薄，粒度变细，到顶部，便成为板层状细砂岩；同时，砂岩间开始夹粉砂岩或粉砂质页岩，这种夹层越向上越多，从而形成板层状细砂岩和粉砂质页岩的互层。再向上，细砂岩的厚度更薄，并过渡为凸镜状；页岩则变厚，成为以页岩为主、夹有凸镜状细砂岩的地层，这便是串岭沟组的开始。本组与上覆团山子组为连续过渡的整合接触关系。

3）团山子组

从岩石地层学角度来看，团山子组与下伏的串岭沟组是一个过渡型的界线。在蓟县剖面，串岭沟组顶部开始出现深灰色薄层泥质泥晶白云岩夹层，向上白云岩夹层增多，逐渐过渡到深灰色薄层和中厚层互层的含铁泥晶白云岩夹黑色粉砂质页岩，即为团山子组。在蓟州区团山子村西的剖面上，串岭沟组顶部地层略有断缺，分界线画在一条顺层产出的闪长玢岩岩床处。在离蓟县剖面最近的兴隆县茅山镇西湾（蓟县剖面西北方向 15 km）观察到了两个组的过渡关系。西湾剖面串岭沟组二段上部和三段较蓟县剖面砂的含量显著增加，存在一定相变，此处串岭沟组顶部还出现了凸镜状砂岩，之上迅速过渡到团山子组含铁泥质泥晶白云岩。因此，两组的界线就在凸镜状砂岩处。团山子组属海湾潟湖相，是以深灰色含铁白云石泥质和硅质微晶白云岩为主的碳酸盐岩沉积，上部夹少量石英砂岩，与上覆大红峪组为整合接触关系。

4）大红峪组

大红峪组包括滨海陆源碎屑沉积岩、石英岩状砂岩、长石石英砂岩和砂质白云岩、含硅质条带和团块白云岩、含叠层石白云岩、燧石岩，以及陆相和海陆交互相火山岩类（富钾粗面岩、富钾凝灰岩和火山角砾岩等）。蓟州区及其邻区大红峪组与上覆的高于庄组呈假整合的接触关系。

5）高于庄组

高于庄组主要是滨海－浅海相碳酸盐岩。高于庄组分为官地亚组、桑树鞍亚组、张家峪亚组、环秀寺亚组。在地貌上，官地亚组常呈较陡峭的山地，桑树鞍亚组下部常发育成后成谷，其余大都为浑圆状中低山。长城系顶部高于庄组与其上覆的蓟县系杨庄组之间的沉积间断，在沉积盆地边缘的冀东滦县桃园剖面最为清晰。该剖面杨庄组底部有两层底砾岩，其中砾石磨圆度良好，成分以片麻岩和火山岩为主。该底砾岩代表的沉积间断称为"滦县上升"。但在蓟州区古盆地内的许多地区未见砾岩，这一间断往往看不清楚。在蓟县剖面上，高于庄组顶部的硅质条带白云岩与杨庄组底部的含大量岩石角砾的灰白色含粉砂泥质白云岩间存在着明显差异，而且在高于庄组顶部多处发现规模不等的喀斯特角砾岩漏斗和普遍可见的硅质结壳层等暴露标志，因此总体上为假整合接触关系。

2. 蓟县系

蓟县系分为杨庄组、雾迷山组、洪水庄组、铁岭组 4 个组，总厚度为 4 579 m。各组基本特征分述如下。

1）杨庄组

杨庄组在蓟州区罗庄子乡杨庄村一带。杨庄组以醒目的紫红色含粉砂泥质白云岩为特征，杨庄组中部几乎全部由紫红色岩石组成。杨庄组的上部和下部除紫红色、砖红色、灰白色含粉砂泥质白云岩外，还夹有含硅质团块、条带叠层石白云岩和少量深灰色沥青质白云岩、硅质岩，它们以紫红、灰白色含粉砂泥质白云岩作底，以硅质岩作顶，构成一系列大小不等、薄层至厚层状、软硬相间的韵律层。据此，杨庄组被分为 3 个岩性段，二段以紫红色含粉砂泥质白云岩为主，岩石较软，常呈低谷；一、三段为软硬相间的韵律层，常分布于低谷的两侧。杨庄组与上覆的雾迷山组呈整合接触、逐渐过渡的关系。

2）雾迷山组

雾迷山组是蓟县中、新元古界剖面各组中厚度最大的一个组，厚达 3 416 m。这套巨厚的，以白云岩为主的碳酸盐沉积岩系由许许多多规模大小不等的韵律组成，根据目前的统计，共有 413 个韵律。这些韵律数量虽多，却具有相似的韵律模式，发育完整的韵律由 5 个基本层组成，自上而下分别如下。

顶层：硅质岩（燧石层），具硅质结壳层的特征，形成于潮上带。

上层：含有水平或波状硅质条纹的硅质条带白云岩，常含假裸枝等小型叠层石，形成于潮间带。

中层：巨厚的一块层状结晶白云岩，中层不含硅质条带（燧石），厚度较大的韵律其中层厚度也较大，较厚的中层中常见个体较大的锥叠层石，形成于潮下带。

下层:含硅质条带或硅质团块白云岩,也能见到假裸枝等小型叠层石,形成于潮间带。

底层:灰白色薄片层含粉砂泥质白云岩,底部常含砂、含砾(屑),干裂和浅水波痕发育,形成于潮上带,与下伏韵律间有一个小的沉积间断。

由此可见,每个韵律会构成潮上带→潮间带→潮下带→潮间带→潮上带这样一个完整的海进海退的小循环,韵律间存在有小的沉积间断。每个韵律的规模,小的仅1~2 m,大的能到数十米。每个韵律内各基本层的发育程度也不相同,规模较大的韵律各基本层发育齐全,尤其是中层厚度较大,反映出当时古海较深,海侵规模较大;规模较小的韵律各基本层厚度也较小,中层往往很薄甚至消失,反映出当时古海水较浅,海侵规模较小。极端的情况是有的韵律以底层和顶层为主,上层和下层很薄,中层完全消失,表明当时古海极浅,以潮上带为主。

雾迷山组另一个显著特点是大量的微生物碳酸盐岩发育。从上述韵律模式中可以看出,韵律的上、中、下3个基本层主要都由叠层石白云岩组成,顶层硅质岩也与微生物岩有关。因此,完全可以说,雾迷山组数千米厚的岩石其主体是由微生物碳酸盐岩构成的。雾迷山组与上覆洪水庄组逐渐过渡,呈整合接触关系。

3)洪水庄组

洪水庄组剖面起于床子岭村西南,止于老虎顶。洪水庄组厚度为131 m。上覆地层为铁岭组灰白色中-厚层石英砂岩,下伏地层为雾迷山组灰白色中厚层含叠层石含灰白云岩。

4)铁岭组

铁岭组分为两个亚组——代庄子亚组和老虎顶亚组。代庄子亚组以白云岩为主,以含锰为特征,上部夹有紫红、翠绿色页岩,下部为砂岩。老虎顶亚组以灰岩为主,上部以具有众多的叠层石为特征。铁岭组两个亚组之间有清晰的沉积间断面,此间断面在燕山地区普遍都可以见到,称为"铁岭上升"。铁岭组的上覆地层为青白口系下马岭组,二者为假整合接触,它所代表的运动称为"芹峪上升"。

3. 青白口系

青白口系自下而上分为下马岭组、长龙山组、井儿峪组。下马岭组由细砂岩、粉砂岩、页岩组成,下部以细砂岩、粉砂岩为主,向上逐渐过渡到以页岩为主。下马岭组分布区的地貌大多为起伏不大的低山和沟谷。下马岭组沉积结束后地壳抬升遭受剥蚀,有一明显的沉积间断,长龙山组底砾岩覆于其上。长龙山组主要由灰绿色长石砂岩、黄色含长石砂岩、白色石英砂岩和海绿石砂岩组成,其上为杂色页岩。井儿峪组由灰绿、蛋青、灰褐、红色泥灰岩组成。长龙山组、井儿峪组常分布于山脊和山岭,与下寒武统的灰岩一起组成陡峭山地。青白口系在天津市仅出露于蓟州区城北府君山向斜两翼近核部的很小范围内。据钻孔资料,青白口系在平原区覆盖层之下也有分布。青白口系和下寒武统府君山组的界线在蓟州区见于东、西井儿峪地区。两者间为假整合接触。从燕山范围内观察,井儿峪组之后,直到早期早寒武世,曾经产生过被称为"蓟县运动"的构造事件。这个运动在中、新元古代沉降幅度最大的蓟州地区,下寒武统中部的府君山组与井儿峪组间存在着长达2亿年的间断,在燕山地区中、新元古界遭受不同程度的剥蚀,造成府君山组覆盖在中、新元古代不同时代的地层之上。在相对隆起区，府君山组分别与高于庄组、雾迷山组、下马岭组、铁岭组呈微角度不整合接触关系。

3.1.4.2　中、新元古界的古生物

根据研究资料，蓟州区及其邻区的中、新元古界的古生物化石按照生物学属性可分为低等古植物化石、原始古动物化石和隐藻化石 3 大类（表 3-1）。

表 3-1　蓟州区及其邻区中、新元古界古生物分类表

大类	类	同义名
低等古植物化石	微古植物化石（页岩相）	疑源类化石、古孢子化石
	微古植物化石（燧石相）	微体化石、古藻类化石、微生物化石
	宏观藻类化石（页岩相）	碳质宏观化石、碳质压密体化石，碳质薄膜
原始古动物化石	实体化石	—
	遗迹化石	—
	印痕化石	—
隐藻化石	叠层石	—
	核形石	—
	凝块石	花纹石

低等古植物按个体的大小分为微体和宏观两大类，前者又按它们与岩相（或古生态）的关系、研究方法和分类系统的不同还分为页岩相微古植物和燧石相微古植物两亚类。页岩相微古植物是指主要产于页岩等细碎屑沉积岩中的微古植物。化石类型以浮游类菌藻植物化石为主，实际上包括各种单细胞的原核生物和真核生物化石，相关化石我国常简称为“微古植物”，以前也称“古孢子”，国外多叫“疑源类”。燧石相微古植物指主要产于燧石质岩石中的微古植物。化石类型以底栖类菌藻化石为主，相关化石曾称“藻类化石”“微体化石”或“微化石”。宏观的低等古植物化石通常也叫宏观藻类化石，但由于它们多数仅仅呈黑色碳质薄膜或压密体产出，实际上除形态外多数并无其他能确定它们生物学属性的确切证据，因此有的研究者也笼统地称它们为碳质薄膜或宏观碳质压密体化石。

原始古动物主要指软躯体的后生动物化石（蓟县剖面尚未发现），也包括它们的印痕和遗迹化石。隐藻化石是指成因上主要与古代微生物生命活动有关的生物沉积构造，实际上它们多数也被称为古代微生物生命活动的遗迹化石，如叠层石、核形石和凝块石（也叫“花纹石”）等。隐藻化石被有些学者称为微生物岩或微生物碳酸盐岩。其叠层石在蓟州地区分布最为广泛。叠层石是由在蓝藻等微生物的参与下形成的微生物岩（或称生物沉积构造），是一种“准化石”，它的存在说明曾经有微生物的生命活动。蓟县剖面几乎各个时期都有叠层石被发现，数量达数十种。

在蓟州地区中、新元古界中的古生物化石，以页岩相微古植物化石、燧石相微古植物化石，碳质宏观藻类化石和隐藻化石中的叠层石最为发育。由于资料复杂，涉及内容多，详细

情况在本书中不再予以论述。

3.1.5 保护区的管理现状

1. 现状土地覆盖情况

参考《全国生态环境十年变化（2000—2010 年）遥感调查与评估项目技术指南》中的土地覆盖分类体系，本保护区内共涉及森林、灌丛、草地、湿地、农田、城镇及裸地等生态系统类型Ⅰ级类，其下又可分为阔叶林、针叶林、针阔混交林、阔叶灌丛、草地、湖泊、耕地、园地、居住地、工矿交通、裸地等 11 种生态系统类型Ⅱ级类，各类面积及比例见表 3-2。统计结果显示，保护区主要生态系统类型为森林生态系统和农田生态系统，分别占保护区总面积的 30.6% 和 37%，其次为灌丛，占保护区总面积的 25.7%。其中农田生态系统中以桃、梨、核桃、山楂等乔木果园为主。

表 3-2 保护区生态系统类型现状

序号	编码	Ⅰ级分类	面积 / 万 m^2	比例 /%	编码	Ⅱ级分类	面积 / 万 m^2	比例 /%
1	1	森林	272	30.6	11	阔叶林	102.1	11.5
2					12	针叶林	153.1	17.2
3					13	针阔混交林	16.8	1.9
4	2	灌丛	228.9	25.7	21	阔叶灌丛	228.9	25.7
5	3	草地	13.9	1.56	31	草地	13.9	1.56
6	4	湿地	0.3	0.03	42	湖泊	0.3	0.03
7	5	农田	328.7	37.0	51	耕地	21	2.4
8					52	园地	307.7	34.6
9	6	城镇	36.3	4.1	61	居住地	23.1	2.6
10					63	工矿交通	13.2	1.5
11	9	裸地	9.9	1.1	91	裸地	9.9	1.1
总计			890	100			890	100

2. 管理机构

本保护区的管理单位是天津市蓟县中、上元古界国家自然保护区管理中心，隶属行政主管部门为天津市规划和自然资源局蓟州分局。管理中心下设办公室、管护科、陈列馆。管理中心定编 14 人，其中管理人员 9 人、专业技术人员 5 人。

3. 管护与宣传

本保护区的管护工作实现了制度化、规范化、法治化，在平时的管护工作中，工作人员坚持定期上山巡察制度，做到每周巡察 2~3 次，对重点地段加大巡查频次；坚持依法管护、持证上岗制度；依据《中华人民共和国自然保护区条例》和相关法律，严格执法，依法管护，严肃查处和制止发生在保护区内的乱采滥挖等破坏剖面的行为。工作人员采取多种形式进行宣传，一是利用“4・22”世界地球日、“6・5”世界环境日和科技周等活动进行宣传；二是利用乡村集日进行宣传；三是利用每年中心人员进行全方位、大面积踏察的机会，走村串户进行宣传；四是充分发挥镇村保护员的作用，宣传内容以科普教育和法律知识宣传为主，通过对区内居民持续不断的宣传教育，使人们的自觉保护意识不断提高，人为毁坏剖面的现象明显下降。

本保护区的工作人员对国内外科研单位、团体及个人来保护区进行科研、考察、参观、教学实习及科普宣教活动管理有序，管理人员全程跟随活动，未经允许无关人员不得随意进入核心区，未经批准不准采集标本。同时规定，在保护区内的一切科研活动取得的成果，副本必须交管理处留存备案。

从目前情况分析，本保护区已具备较完备的管护基础条件，在管理与建设方面作了大量的工作，已建成的管护设施运转正常，制定的规章制度行之有效，保护效果明显，管理目标明确，可保障和满足管护任务的需求，年度管护工作与总体规划目标相一致。

4. 科研科普

天津市蓟县中、上元古界国家自然保护区管理中心自主或合作完成了多个课题的研究工作，并在 1992 年出版发行了科普书籍《天津市蓟县中、上元古界国家自然保护区》，该书曾在全国地质科普图书展览会上获奖；参与了天津地质矿产研究所对蓟县剖面古生物长城化石群的研究项目，并已取得重大突破，该研究成果为提高蓟县剖面的科学研究水平作出了积极的贡献；建设了天津市蓟县中、上元古界国家自然保护区地质陈列馆，该馆占地面积 600 m^2，分 6 个展室，馆藏标本 1 300 余块，图片、资料 200 余张。1998 年原馆进行了更新改造，充实、更新图片 300 余张、岩石标本 450 余块，为了方便外宾参观，展览内容全部实现了中英文字对照说明。截至 2004 年，该馆共接待中外参观者 8 万余人次。同时，该馆还利用多种形式加大宣传力度，建宣传橱窗 2 个，印刷宣传册 18 000 余份，制作电视专题片 2 部；此外还利用“4 · 22”世界地球日、“6 · 5”世界环境日和每年的科技周等，上街宣传科普知识，面向社会进行广泛的宣传教育。

1999 年 11 月，天津市蓟县中、上元古界国家自然保护区被中国科协命名为“全国科普教育基地”；同年 12 月，科技部、中宣部、教育部、中国科协等命名天津市蓟县中、上元古界国家自然保护区为“全国青少年科技教育基地”。1999 年 12 月，保护区管理中心被原国家环保总局、原国家林业局、原农业部、原国土资源部评为“全国自然保护区管理先进集体”；2004 年本保护区被教育部、团中央和全国妇联命名为“小公民道德建设活动基地”；2013 年本保护区被环保部办公厅、教育部办公厅命名为“全国中小学环境教育实践基地”。

2007 年以来，保护区管理中心不断加强科研、科普工作力度，先后增设自动气象站、地质遗迹监测设备、水质测定仪、金相显微镜等科研仪器设备，为保护区开展科研工作提供保障。

3.1.6 社会经济状况

据调查，保护区共涉及蓟州区罗庄子镇、下营镇和城关镇 3 个镇、21 个行政村，总户数 4 371 户，人口 12 445 人，其中保护区内总户数 606 户，总人口 2 187 人。保护区内的居民主要从事林果业生产，其次是种植业、养殖业。本区的主要特产有盘山柿子、板栗、核桃、酸枣、酸梨、苹果、沙果以及州河的鲤鱼、桑梓的西瓜等。

近年来，当地深入进行产业结构调整，以专业村、专业乡镇建设为重点，逐步形成绿色食品、种养殖业和旅游业三大产业。随着生态旅游活动的兴起，目前已有多个村自发搞起了旅游业，保护区内的经济发展呈逐年增长态势，多种经营、集约经营已成为促进区内居民经济发展的根本出路。随着社会经济的发展，保护区周边许多村庄办起了各具特色的农家院，接待主要来自津京两地的游客。保护区内的农家院主要位于常州村－青山岭村段的常州村和青山岭两个村。农家院的建立起到了提高农民收入、刺激地方经济的效果，但农家院建设时地基的挖掘、旅游人口产生的环境负荷对保护区构成一定的潜在威胁。保护区周边分布有12 处采石场，这些采石场大多分布在保护区小岭子村段附近，2007 年后已经逐步依法关停，但环境尚未完成修复。

3.2 天津古海岸与湿地国家级自然保护区

天津古海岸与湿地国家级自然保护区位于天津市滨海新区、宁河区、津南区和宝坻区境内，面积达 359.13 km^2，其中核心区面积为 45.15 km^2，缓冲区面积为 43.34 km^2，实验区面积为 270.64 km^2。此保护区的主要保护对象为由贝壳堤、牡蛎礁构成的珍稀古海岸遗迹和七里海湿地自然环境及其生态系统。

保护区由 1 处牡蛎礁、七里海湿地区域和 11 处贝壳堤区域组成。

（1）牡蛎礁、七里海湿地区域。七里海湿地核心区被潮白新河分为东、西七里海湿地两部分，面积为 44.85 km^2。七里海湿地缓冲区位于核心区外围，面积为 42.27 km^2。牡蛎礁位于曾口河以北、北俵口村以南，与七里海湿地缓冲区相接。牡蛎礁核心区面积为 0.17 km^2，缓冲区为核心区东、西、北边界外延 50 m，面积为 0.07 km^2。牡蛎礁、七里海湿地区域的实验区位于核心区缓冲区外围，面积为 257.02 km^2。牡蛎礁、七里海湿地区域总面积为 344.38 km^2。

（2）11 处贝壳堤。保护区内的贝壳堤形成于距今 5 000~500 年前，根据其形成年代由远及近划分为第Ⅳ道至第Ⅰ道。其中，第Ⅰ道贝壳堤位于青坨子、马棚口，第Ⅱ道贝壳堤位于邓岑子、板桥农场、上古林，第Ⅲ道贝壳堤位于新桥、巨葛庄、中塘、大苏庄、沙井子，第Ⅳ道贝壳堤位于翟庄子，11 处贝壳堤面积为 14.75 km^2。根据贝壳堤的珍稀性和保护价值，对青坨子、巨葛庄、邓岑子和上古林贝壳堤进行了功能分区，分为核心区、缓冲区和实验区，其他 7 个贝壳堤区域为实验区。贝壳堤核心区涉及 4 个区域，分别为青坨子、巨葛庄、邓岑子和上古林核心区，总面积为 0.13 km^2；贝壳堤部分缓冲区涉及 4 个区域，分别为青坨子、巨葛庄、邓岑子、上古林缓冲区，总面积为 1.0 km^2，11 处贝壳堤实验区面积为 13.62 km^2。

3.2.1 自然地理概况

1. 地质

本保护区处于燕山纬向构造体系与新华夏构造体系的交接部位，属燕山纬向构造体系的南亚带，与新华夏构造体系的分界线大致在北纬 39° 20′ 附近，即七里海湿地北缘。区域总地势大致是由北西向南东倾斜，有平原、洼地等多种地貌类型。保护区所在区域大部分地区被河流冲积物覆盖，地下的岩石基底是华北古陆块的一部分，断裂、隆起、坳陷，分布错综复杂。大约在距今 7 000 万年前，曾发生过一次"燕山运动"，整个燕山地区开始隆起，而华北地区断裂、下沉；隆起部分形成了燕山山脉，沉降部分被众多河流从上游周围山区带来的泥沙所填充，形成现今天津市所在的华北大平原。

在距今 2 万年前左右，由于全球气温变冷，全球冰盖发育，陆地上聚集了大量的固态水，使得海平面大幅下降（至少降低 120 m），黄海陆架大面积出露，渤海成为陆地。降水量减小，环流西风的加强与酷寒使得各大河的径流量减小，甚至形成断流。这使得河流、海面"双向退后"基本格局形成，同时河口位置随海平面的下降而同步下降。在距今 6 000~5 000 年前，气候转暖，海平面逐渐升高，河口又随海平面的上升而上移。全新世时期的这种复杂的海陆变迁及河流的共同作用过程使得天津发育了大量的沼泽、盐沼和潟湖，七里海等湿地随之形成。

2. 地貌

本保护区地貌类型为平原、洼地、海岸带 3 类，主要是平原。本保护区远古时期曾经是茫茫大海，最先成陆的是蓟州区一带的燕山山脉，由于强烈的地壳运动，大约在 19.5 亿年以前，山脉隆起，海水退去，之后又几经沉降和隆起。在距今 7 500 年的新石器时代，在一次剧烈的陆地沉降之后，天津地区北部、西部的陆地形成。在这个时期，古黄河 3 次北徙在天津地区入海，记载最早的一次是 3 400 年前的夏商之际，其最后一次改道迁离天津地区是在南宋淳熙十一年（公元 1184 年）。古黄河裹挟着大量泥沙从天津地区入海，造陆能力极强，这对天津冲积平原的形成起了很大作用。在汉唐之际，海河入海口推到今天的军粮城一带，天津地区大片平原基本形成。

本保护区内的七里海湿地是渤海湾从中全新世达到海侵最大范围后，海水后退、逐渐成陆过程中遗留的众多潟湖洼地中的一个。距今三四千年前，其还属于浅海区，后随着海水的退出及海水入侵逐渐减少，并在大气降水和青龙湾河水注入的混合作用下，潟湖的盐度逐渐降低，成为淡水湖泊。其上覆盖巨厚的第四系沉积物，沉积物类型为河湖相，沉积物为砂质黏土。区内微地貌类型复杂，主要有季节性积水的河漫滩、低洼地以及常年积水的湖泊、河流。

3. 土壤

因本保护区地质构造属沧县隆起与黄骅坳陷区，第三纪以来，本保护区以沉降运动为主；地貌类型以海积平原为主，其次为海积平原；土壤类型为盐化潮湿土、盐土、沼泽土、水稻土等；地势低洼，排水不畅，土壤质地黏重，含盐量较大。七里海湿地核心区土壤类型为盐化草甸沼泽土，pH 值为 8.1，呈微碱性，有机质含量是 2.13%，土壤质地较黏重，为砂质黏土，颜色为暗灰棕色，局部有很薄的泥炭层，潜育化明显，在 40 cm 以下有明显的灰蓝色潜育层。七里海湿地及牡蛎礁实验区的土壤类型为盐化湿潮土，土壤有机质含量为 1%~2%。在七里海湿地缓冲区西北部，有部分湿潮土分布。贝壳堤附近的土壤大多为盐化湿潮土，有机质含量为 2%~3%。

4. 水文

目前穿过七里海或七里海周边的一级河道有永定新河、潮白新河、蓟运河、北京排污河、金钟河,二级河道有曾口河、津唐运河、青龙湾故道、青污引渠、青排深渠、津塘引渠。

七里海湿地除浅层为潜水及微承压水外,以下含水层均为承压水。400 m 深度内化为 4 个含水组。地下水主要超标组分为氟,氟含量为 2~3 mg/L。

3.2.2 历史沿革

位于天津渤海湾西岸贝壳堤平原的贝壳堤、西北岸牡蛎礁平原的牡蛎礁及古潟湖湿地是渤海湾沿海低平原自全新世逐渐成陆过程中的 3 类重要产物。它们的形成是在海平面波动式下降的背景下,沿岸地带发生海退,加之由陆上、海上移来的泥沙在海岸带大量淤积,遂使昔日的沿岸浅滩出露成为大片陆地。但是由于泥沙淤积的水动力条件,西北岸与西岸有所不同。其结果是在西岸形成了典型的贝壳堤,而在西北岸却形成了密集的牡蛎礁。宁河七里海湿地是海水在全新世达到海侵最大范围后,后退、逐渐成陆过程中遗留的众多潟湖洼地中的一个,在此区域内发现的搁浅于海滩的鳁鲸骨及大面积的牡蛎礁是七里海古潟湖湿地性质强有力的证据。七里海在距今三四千年前还属于浅海区,后随着海水的退出及海水入侵逐渐减少,在大气降水和青龙湾河水注入的混合作用下,潟湖的盐度逐渐降低,逐渐成为淡水湖泊。在天津境内,贝壳堤、牡蛎礁及古潟湖湿地共存是天津古海岸的最大特色,在世界范围内也属罕见。

经过国内外专家论证和评估,天津古贝壳堤是世界著名三大贝壳堤之一(另外两处是美国路易斯安那州贝壳堤、南美苏里南贝壳堤);天津牡蛎礁的规模,只有泰国曼谷以北的中央平原和美国北卡罗来纳州的牡蛎礁可与之相比。天津牡蛎礁体规模之大是当今世界独一无二的。

天津的贝壳堤、牡蛎礁及古潟湖湿地是大自然留给人类的三大珍宝。三者的规模、时间跨度及所蕴含的地质环境变化信息,在国际第四纪研究中占有重要的地位。它们的形成过程以及上覆泥质沉积物,准确地记录了该地区反复发生的从以海洋影响为主到以陆地影响为主的环境变化过程,是重建该地区全新世古环境的关键。研究贝壳堤、牡蛎礁和古潟湖湿地的形成、演化过程,对全球古地理、古气候、古生态等多学科研究,以及分析判断现代海岸线的演变、海平面上升等都具有重大价值。此外,七里海古潟湖湿地具有完整的湿地生态系统,生物多样性丰富,对于保障东亚—澳大利西亚鸟类迁徙途径的畅通,提高天津市生态环境质量,调蓄水源,净化水质,建立生态天津、和谐天津具有重要意义。

为了有效地保护古海岸遗迹资源及湿地生态环境,出于抢救性保护的目的, 1992 年,在当时经济条件及科技水平有限的情况下,本着保护区划定宜大不宜小的原则,在 1984 年天津市人民政府批准建立的"贝壳堤市级自然保护区"基础上,建立了"天津古海岸与湿地国家级自然保护区"。当时的保护区是以贝壳堤、牡蛎礁构成的珍稀古海岸遗迹和湿地自然环境及其生态系统为主要保护和管理对象的国家级海洋类型区域,范围涉及当时天津市大港、塘沽、津南、东丽、汉沽、宁河、宝坻 7 个区县的部分区域，总面积达 980.606 km^2。保护区建立后，受到社会各界的高度重视。为了加强管理，1996 年经天津市人民政府批准建立了负责该保护区管理的专门机构——天津古海岸与湿地国家级自然保护区管理处，受天津市海洋局行政领导，接受国家海洋局的业务指导。本保护区的建立不但使天津古海岸遗迹的管理步入正规化、法治化轨道，为人类保留了这一珍贵的历史和自然资源，而且提升了古海岸遗迹科学研究的水平，提高了人们保护自然、保护环境的意识。

2009 年，为了使保护区更加符合国家级自然保护区的相关标准，使保护对象得到更加有效的保护，天津古海岸与湿地国家级自然保护区被调整，由建立时的总面积 980.606 km^2 调整为总面积 359.13 km^2。保护区范围的调整更加有利于保护对象的重点保护和保护区的有效管理，同时也保证了国家总体发展战略及天津滨海新区的快速发展。2018 年机构改革后，保护区的管理机构为天津市自然资源生态修复整治中心（天津市古海岸与湿地国家级自然保护区管理中心），隶属的行政主管部门为天津市规划和自然资源局。

3.2.3 自然资源与主要保护对象

3.2.3.1 自然资源

1. *植物资源*

本保护区植物区系的特点是植物种类单纯，优势种多，覆盖度大；常成片生长和以较大面积分布，成为各种群落的优势种或次优势种。本保护区植被的植物资源种类计 69 科、200 属、290 种，绝大多数为草本植物。

植物区系的地理成分有世界广布、泛北极、古北极、东古北极、古地中海、达乌里—蒙古、东亚、西伯利亚 8 种。植物有一些热带—温带的物种，多数为温带物种，总体来说具有温带植物区系特点，基本具有我国北部地区植物的各种常见物种。

植物资源种按用途分有种质植物、纤维植物、饲料植物、药用植物、固沙植物、油料植物、净化植物、木材植物等。

水生植物的种类及蕴藏量比较丰富，其中芦苇是重要的纤维类水生植物资源，它不仅具有重要的经济价值，同时对维持生态平衡、净化水源以及保护生物物种多样性也具有非常重要的作用。芦苇的茎、秆、叶及花絮均可入药，根状茎名芦根，是历史悠久的传统中药。水生植物资源中，除芦苇外，尚有分布广泛、蕴藏量大、具有很高开发利用价值的香蒲属植物。该属植物是有待于研究、开发利用的重要水生资源植物。常见的水生植物资源还有浮萍、菹草等，它们都有重要的药物、饵料、饲料价值。

盐生植物资源中，有柽柳、西伯利亚白刺、罗布麻、枸杞、酸枣等，还有《中国国家重点保护野生植物名录（第一批）》中提到的Ⅱ级重点保护野生植物野大豆，它是一种很有利用价值的抗盐质植物。

2. *动物资源*

根据调查和文献记载，七里海湿地的主要动物类群和优势种如下。

（1）哺乳动物。其有 6 科、13 种，隶属食虫目、翼手目、兔形目、啮齿目、食肉目 5 个目。

这里兽类动物匮乏，缺乏特有种，主要种类有刺猬、普通伏翼、草兔、达乌尔黄鼠、黑线仓鼠、大仓鼠、东北鼢鼠、小家鼠、黑线姬鼠、褐家鼠、黄鼬、艾鼬、猪獾。

（2）鸟类。湿地内具有丰富的水资源和水生植物资源，繁衍生息着各种鱼类和无脊椎动物，为鸟类提供了充足的食物，所以水鸟种类多，数量大，湿地成为许多珍稀和濒危鸟类迁徙、栖息、繁殖的基地。

3. 地下资源

本保护区地下埋藏着古海岸遗迹，其中以沉睡几千年的贝壳堤、牡蛎礁和鳁鲸骨架最为典型，地热资源也非常丰富。

1）海岸遗迹资源

贝壳堤、牡蛎礁是全新世以来海陆变迁的产物，是在特定的环境条件下形成的，是研究河流（主要是黄河）三角洲阶段性向海推进造陆过程的珍贵自然遗迹。它们真实记录了沧海变桑田的过程，是不可再生资源。国内外众多专家、学者经过实地考察认为，天津曾是中国东部沿海平原贝类发育最为典型的地区之一，现今发现的贝壳堤、牡蛎礁规模最大、序列清晰，在西太平洋各边缘滨海平原实属罕见，在国际海洋学、第四纪地质以及古海岸带生态环境的研究领域具有重要的科学研究价值。

2）海洋古生物资源

七里海地区乐善村曾出土鳁鲸骨架，全长 12 m，下颚骨长 2.5 m，距今约 5 000 年。考古专家经分析认为，七里海在距今 5 000 年前至少是浅海。

3）地热资源

有关研究表明，七里海湿地周边有丰富的地热资源，地热总面积达 612 km^2，热厚贮存度 200 m，1 000 m 以上水温达 50 ℃，1 000 m 以下水温达 58~96 ℃。

4. 旅游资源

1）自然景观资源

湿地就是水、草、鸟、天空相连的多视角自然景观，水、植物、蓝天组成了四季景色，这里空气清新，动植物种类繁多，为开展生态旅游活动提供了优越的自然环境条件。

贝壳堤、牡蛎礁是全新世（开始于 12 000 年前，持续至今）以来渤海成陆的两种重要产物和遗迹。它们由潮汐、风浪将近海海底贝壳搬运堆积而成。贝壳堤形成的年代为距今 5 000 至 500 年间，标志着渤海湾西岸古海岸线的大致位置，是古海岸变迁极其珍贵的海洋遗迹。滨海平原海河以北、潮白新河与蓟运河下游是牡蛎礁集中发育地区，牡蛎礁基本属于潮下带、半咸水潟湖—河口环境的生物堆积体，形成于距今 6 700 至 2 300 年前。保护区牡蛎礁由长重蛎和近江重蛎组成，剖面堆积层次清晰，厚达 5 m，在西太平洋各边缘滨海平原实属罕见，其堆积掩埋的过程反映了该地区的海陆变迁史，同时也成为海洋、地质、地理等科研院所研究海岸演变、古气候、古湿地、古生态的重要场所。

2）人文景观资源

中国共产党早期著名革命家、天津地区共产党和社会主义青年团的创建者和领导者于方舟（1900—1928 年）的故居坐落在七里海湿地俵口村。该故居于 1991 年 8 月被列为天津市重点文物保护单位，成为革命传统教育的重要阵地和红色旅游的胜地。

3）古代遗迹及文物

1974 年，人们在潮白河施工过程中发现七里海湿地缓冲区以北有 3 座战国古城池遗址。该古城池遗址呈长方形，东西长约 600 m，南北长约 500 m，并有“城”“城耳朵”等古城遗迹和大量建筑构件、陶瓷及碎片。

在西塘坨村和俵口乡洛里坨村东留存有大量汉代古文化遗址，遗物多为红陶、瓮、缸、釜、夹砂灰陶残片及绳纹瓦等。

3.2.3.2　主要保护对象

天津古海岸与湿地自然保护区的主要保护对象为贝壳堤、牡蛎礁构成的珍稀古海岸遗迹和湿地自然环境及其生态系统。

1. 贝壳堤

贝壳堤是由海生贝壳及其碎片和细沙、粉沙、薄层泥炭和淤泥质黏土等物质组成的，并与海岸线大致平行或交角很小的堤状地貌堆积体。它形成于高潮线附近，为古海岸在地貌上的可靠标志。根据贝壳堤的位置可推测古海岸位置，根据新老贝壳堤的关系可以分析海岸的演变过程与发展方向，因此，贝壳堤在古海洋环境重现过程中具有重要的价值和意义。天津沿海分布有 4 道贝壳堤，它们是不同时期古海岸的遗迹，是由强风暴潮将近海海底贝壳搬运到海岸处堆积而成的。贝壳堤从现代海岸向陆地依次划分为第Ⅰ至第Ⅳ道贝壳堤，其中第Ⅰ道贝壳堤由青坨子区域和马棚口区域组成，总面积 2.1 km^2；第Ⅱ道贝壳堤由邓岑子区域、板桥农场区域和上古林区域组成，总面积 5.65 km^2；第Ⅲ道贝壳堤由新桥区域、巨葛庄区域、中塘区域、大苏庄区域和沙井子区域组成，总面积 6 km^2；第Ⅳ道贝壳堤为翟庄子区域，总面积 1 km^2。

2. 牡蛎礁

牡蛎礁是海陆交汇半咸水河口生态环境下的堆积体，分布于潮下带。天津沿海的牡蛎礁分布于七里海湿地区域，位于地表下 3~5 m 处，呈斑状或带状分布，形成于距今 6 700 至 2 400 年前，反映了该地域海陆变迁的历史，对恢复古海洋环境和研究海陆变迁具有重要的科学价值。

3. 湿地

七里海湿地是由古黄河、古潮白河、古蓟运河等河流入海所携带的大量泥沙堆积而成的古泻湖湿地，形成于 7 000 年以前，是海陆变迁的产物。七里海湿地为天津营造了一处幽静、秀美的环境，是生物多样性的典型地区。

3.2.4　动植物概况

3.2.4.1　植物概况

天津古海岸与湿地自然保护区内共发现植物 69 科、200 属、290 种（包括种以下单位）。其中裸子植物有 4 科、6 属、8 种，双子叶植物有 55 科、157 属、224 种，单子叶植物有 10 科、37 属、58 种；野生植物有 36 科、104 属、163 种，栽培植物有 51 科、105 属、127 种。野生植物种类最多的科依次为菊科、禾本科、旋花科、藜科、莎草科、豆科、十字花科、蓼科;栽培种类最多的科依次为菊科、蔷薇科、豆科、葫芦科、禾本科、茄科、锦葵科、百合科、木犀科、杨柳科、松科。

本保护区范围内植物主要以草本植物(210 种)为主,乔木(42 种)、灌木(18 种)、藤本植物(20 种)种类较少。其中草本植物包括一年生、二年生和多年生植物,囊括了旱生、中生、湿生和水生等各种类型,主要以野生植物为主;乔木和灌木中野生种类偏少,只有柽柳、酸枣、达乌里胡枝子、枸杞 4 种,紫穗槐为栽培种,后逸为野生的灌木,其余的都是栽培植物。藤本植物包括缠绕藤本、攀缘藤本和卷须藤本 3 小类,共计 20 种,如菟丝子、盒子草、葫芦等。

本保护区 65.5% 以上的科都属于世界广布类型,如十字花科、酢浆草科、茜草科、旋花科、菊科等;其次是泛热带分布型(占 27.6%),如蒺藜科、大戟科、夹竹桃科和萝藦科等;北温带和旧世界温带分布型的分别仅有 1 科,为牻牛儿苗科和柽柳科。

3.2.4.2 动物概况

1. 鸟类

根据文献资料与现场调查,天津古海岸与湿地国家级自然保护区七里海湿地及周边共发现鸟类 177 种,隶属于 16 目、43 科、90 属。其中以雀形目的种最多,有 61 种,其次为鸻形目和雁形目,分别为 38 种、24 种。相关数据见表 3-3。

表 3-3 本保护区鸟类科、属、种组成

目	科		属		种	
	数量	比例 %	数量	比例 %	数量	比例 %
鸊鷉目	1	2.3	2	2.2	4	2.3
鹈形目	1	2.3	1	1.1	1	0.6
鹳形目	3	7.0	9	10.0	14	7.9
雁形目	1	2.3	7	7.8	24	13.5
隼形目	3	7.0	8	8.9	17	9.6
鸡形目	1	2.3	2	2.2	2	1.1
鹤形目	2	4.8	3	3.3	3	1.7
鸻形目	6	14.0	18	20.1	38	21.4
鸽形目	1	2.3	1	1.1	3	1.7
鹃形目	1	2.3	1	1.1	1	0.6
鸮形目	1	2.3	3	3.3	3	1.7
雨燕目	1	2.3	1	1.1	1	0.6
佛法僧目	1	2.3	1	1.1	1	0.6
戴胜目	1	2.3	1	1.1	1	0.6
䴕形目	1	2.3	2	2.2	3	1.7
雀形目	18	41.9	30	33.4	61	34.4
合计	43	100	90	100	177	100

从动物区系组成上看，本保护区有古北界 96 种、东洋界 14 种、广布种 67 种，分别占总数的 54.24%、7.91%、37.85%。鸟类组成表现出显著的古北界特征，典型的古北界鸟类有东方白鹳、大天鹅、灰鹤等，广布种种类也占较大比例，代表种有苍鹭、大白鹭、大杜鹃等，东洋界鸟类较少，占 9.47%。

在记录的 177 种鸟中，留鸟有 18 种，占总数的 10.17%；夏候鸟有 38 种，占总数的 21.47%；冬候鸟有 13 种，占总数的 7.34%；旅鸟有 108 种，占总数的 61.02%；可见本保护区以旅鸟为主。如此之高的旅鸟占比与天津是亚太地区鸟类迁徙过程中的一个重要的停歇地、鸟类南迁北移的重要中转站有关。本保护区鸟类组成具有较大的季节性波动，每一阶段的优势种不尽相同。三四月各有一个鸟类迁徙高峰，即三月份的雁鸭类高峰和四月的鸻鹬类高峰。夏候鸟种类也较多，说明这里栖息环境较好，适合鸟类的繁殖。

本保护区记录到的 177 种鸟中，有国家一级保护鸟类 2 种，分别是东方白鹳、白尾海雕；二级保护鸟类 26 种，分别是角䴙䴘、白琵鹭、黑脸琵鹭、大天鹅、小天鹅、疣鼻天鹅、鹗、黑翅鸢、黑耳鸢、苍鹰、雀鹰、大鵟、普通鵟、毛脚鵟、白尾鹞、鹊鹞、白头鹞、灰背隼、红隼、红脚隼、燕隼、游隼、灰鹤、红角鸮、纵纹腹小鸮、长耳鸮；被列入《中日保护候鸟及其栖息环境的协定》中的鸟类 103 种，占全部种数的 58.19%；被列入《中澳保护候鸟及其栖息环境的协定》中的鸟类有 34 种，占全部种数的 19.21%。

2. 兽类

七里海湿地兽类有 14 种，隶属 5 目、7 科，天津市重点保护动物有 3 种，分别为黄鼬、艾鼬和猪獾，其中黄鼬被列入《濒危野生动植物种国际贸易公约》（CITES）附录Ⅲ。保护区兽类优势种有鼠类和黄鼬，主要为小家鼠、黑线姬鼠、褐家鼠、黑线仓鼠和黄鼬。

区系分析结果表明，古北界种类是七里海湿地兽类的主要成分（6 种，占 43%），同时包含部分东洋界（4 种，占 28.5%）及广布种类（4 种，占 28.5%），具体见表 3-4。

表 3-4　本保护区兽类组成

目	科	种	目	科	种
食虫目	猬科	刺猬	啮齿目	鼢鼠科	东北鼢鼠
翼手目	蝙蝠科	东方蝙蝠、普通伏翼		鼠科	小家鼠、黑线姬鼠、褐家鼠
兔形目	兔科	草兔		仓鼠科	黑线仓鼠、大仓鼠、麝鼠
食肉目	鼬科	艾鼬、黄鼬、猪獾			

七里海湿地兽类组成特点是种类少，多为啮齿类（7 种，占 50%），其他种类较少。所有兽类均为小型种类，与该区域的环境特点有关。七里海湿地为湿地类型生境，植被结构较简单。一方面，植物作为动物庇护所的重要资源，在一定程度上决定了动物种类的多少。另一方面，植物是动物食物的重要资源，其生产力控制动物的种类和数量。因此，七里海湿地相对简单的植物群落结构导致其兽类资源也相对简单。七里海湿地缺乏大型哺乳动物，如偶蹄类和食肉类的大型动物，这与天津其他湿地的兽类结构相似。

区系研究表明，古北界种类是七里海湿地兽类的主要组成，同时该地包含部分东洋界和广布种，反映了该保护区在动物地理区划上属古北界和东洋界物种交会的区域，且为古北界逐渐向东洋界过渡的区域。天津地区在动物地理区划上属于古北界，是古北界和东洋界鸟类分布最宽广的过渡地带。七里海湿地的兽类中没有《国家重点保护野生动物名录》内的动物，但有天津市的重点保护动物，大多物种是常见种类。尽管如此，由于兽类是生态系统中一个重要组成部分，一方面，一些物种位于食物链的顶端，其种类和数量的多寡通常会控制和影响到较低营养层次类群的现存量，如保护区内食肉目黄鼬的数量多少会影响到其食物种（如蛙类）的数量；另一方面，一些种类是其他动物的食物，它们数量的多少会影响到天敌的数量，如湿地中的啮齿动物是猛禽类的主要食物来源，它们的数量会影响到猛禽的数量。因此，从保护生态平衡的角度来看，保护该湿地的兽类有利于维持该区域的生态平衡。

3. 两栖、爬行类

两栖和爬行动物中包含多数水生和半水生动物种类，同时在生态系统中是营养层次较高的次级消费者，是湿地动物区系中的重要类群。两栖、爬行动物对环境变化非常敏感，是特定环境或生境的指示物种，可作为环境监测的重要指标，了解其组成及分布可以有效评估保护区的生态环境质量，有助于更有针对性地制定合理的保护和管理措施。因此，七里海湿地两栖、爬行动物无论从物种组成还是从生态功能上都具有很大的保护价值和科研价值。

本保护区共发现 9 种两栖、爬行动物。其中，两栖动物有 3 种，隶属 1 目、2 科，未发现有尾目物种。在 3 种两栖动物中，有蟾蜍科 1 种、蛙科 2 种。爬行动物有 6 种，隶属 2 目、3 科，其中蜥蜴目 2 科、2 种；蛇目 1 科，即游蛇科，共 4 种。两栖动物的数量优势种有中华大蟾蜍、黑斑侧褶蛙，均数量较多。爬行动物的数量优势种有无蹼壁虎。

尽管七里海湿地缺乏国家重点保护的两栖爬行动物，但仍有不少属于国家有益的或有重要经济、科学研究价值的陆生野生动物（简称国家“三有”动物）。此湿地两栖动物中，国家“三有”动物有 2 种，分别为中华大蟾蜍和黑斑侧褶蛙；爬行动物中，国家“三有”动物有 5 种，分别为丽斑麻蜥、赤链蛇、虎斑游蛇、黄脊游蛇、白条锦蛇。在 2006 年天津市人民政府公布的《天津市重点保护野生动物名录》中，两栖类动物共有 7 种，其中中华大蟾蜍、黑斑侧褶蛙 2 种在七里海湿地可见；爬行类有 19 种，七里海湿地有 5 种（除无蹼壁虎之外）。由此看出，七里海湿地是天津市较为重要的两栖、爬行动物栖息地，具体情况见表 3-5。

表 3-5 七里海湿地两栖、爬行动物

爬行纲（Reptilia）			两栖纲（Amphibian）		
目	科	种	目	科	种
蜥蜴目	壁虎科	无蹼壁虎	无尾目	蟾蜍科	中华大蟾蜍
	蜥蜴科	丽斑麻蜥			
蛇目	游蛇科	赤链蛇、虎斑游蛇、黄脊游蛇、白条锦蛇		蛙科	黑斑侧褶蛙、金线侧褶蛙

4. 鱼类资源

鱼类是湿地水域中的重要类群，在湿地水域生态系统中属于高营养层次类群，在水域物质循环和能量流动中处于重要位置，其种类组成和现存量的变化直接影响到与其在食物链相互联系的初级生产力和次级生产力的变化。鱼类为湿地主要的经济动物类群。随着水产养殖业的发展，湿地水域鱼类区系组成和生物量发生较大的变化，反映出湿地生态系统变化的趋势，为湿地资源合理利用和保护提供科学依据。

七里海湿地水域共记录鱼类 6 目、10 科、45 种，总种数占全国淡水鱼总种数（约 800 种）的 5.8%，见表 3-6。其中鲤科鱼类占绝对优势，共有 33 种，占总种数的 73.9%。

表 3-6　七里海湿地鱼类名录

分类阶元	中文名称				
鲱形目	鳀科	鲚	鲤形目	鲤科	青鱼、银鲴、黄尾鲴、船丁鱼（蛇鮈）、草鱼、赤眼鳟、鳡、餐条、油餐、红鳍鲌、翘嘴红鲌、蒙古红鲌、青梢红鲌、长春鳊三角鲂、团头鲂、中华鳑鲏、白河刺鳑鲏、大鳍刺鳑鲏、兴凯刺鳑鲏、花（鱼骨）、麦穗鱼、棒花鱼、鲤、鲫、黑鳍鳈、鳙、鲢、似鱎、银似鱎、鳘、南方马口鱼、东北雅罗鱼、中华细鲫
鲑形目	银鱼科	前颌间银鱼			
鲇形目	鲇科	鲇			
	鮠科	黄颡鱼			
合鳃目	合鳃科	黄鳝			
鲈形目	真鲈科	鳜			
	虾虎鱼科	纹缟虾虎鱼			
		裸项吻虾虎鱼			
		吻虾虎鱼			
	鳢科	乌鳢		鳅科	泥鳅
					大鳞泥鳅

5. 底栖生物

保护区内水域底栖生物的主要种类为中华摇蚊和寡毛类中的霍甫水丝蚓，两者均为典型的、分布广泛且具较强生态适应性和耐有机污染的底栖动物。从定性的种类生物多样性看，该水域的底栖生物种类十分贫乏。

近年来本保护区内水域底栖动物种类物种多样性有所减少；底栖动物种类组成相对单一，生物多样性较低，但底栖动物现存量并不低。底栖动物多由耐污种类组成，在一定程度上反映出本湿地水体的水环境不利于水生生物生长繁殖，香农生物多样性指数评价结果也显示本湿地水体处于富营养化水平。

3.2.5　保护区管理现状

一、现状土地覆盖

根据《全国生态环境十年变化（2000—2010 年）遥感调查与评估项目技术指南》中的土地覆盖分类体系，本保护区内共涉及森林、草地、湿地、农田、城镇及裸地等生态系统类型 I

级类，其下又可分为阔叶林、稀疏林、草地、湖泊（水库坑塘）、河流、耕地、园地、居住地、城市绿地、工矿交通、裸地等 11 种生态系统类型Ⅱ级类，各类面积及比例见表 3-7。统计结果显示，本保护区主要生态系统类型为农田生态系统和草地生态系统，分别占保护区总面积的 47.6% 和 21.1%，其次为湿地生态系统，占保护区总面积的 15.3%。其中草地生态系统多为芦苇草丛。

表 3-7　本保护区土地覆盖现状

序号	编码	Ⅰ级分类	面积 / 万 m^2	比例 /%	编码	Ⅱ级分类	面积 / 万 m^2	比例 /%
1	1	森林	1 471	4.1	11	阔叶林	1 237	3.4
2					14	稀疏林	234	0.7
3	3	草地	7 592	21.1	31	草地	7 592	21.1
4	4	湿地	5 490	15.3	42	湖泊（水库坑塘）	4 144	11.5
5					43	河流	1 346	3.7
6	5	农田	17 087	47.6	51	耕地	16 768	46.7
7					52	园地	319	0.9
8	6	城镇	3 142	8.7	61	居住地	1 605	4.5
9					62	城市绿地	176	0.5
10					63	工矿交通	1 361	3.8
11	9	裸地	1 131	3.2	91	裸地	1 131	3.2
总计			35 913	100			35 913	100

二、管理机构与执法情况

1. 机构设置

天津古海岸与湿地国家级自然保护区是 1992 年 10 月国务院批准建立的国家级海洋类型自然保护区（国函〔1992〕166 号文件）。保护区建立以后，受到社会各界的高度重视，天津市政府在 1996 年 6 月依据《关于建立天津古海岸与湿地国家级自然保护区管理处的复函》（津编二字〔1996〕28 号）文件，批准建立了专门的管理机构，即天津古海岸与湿地国家级自然保护区管理处。2020 年机构改革后，本保护区的管理机构为天津市自然资源生态修复整治中心（天津市古海岸与湿地国家级自然保护区管理中心），隶属行政主管部门为天津市规划和自然资源局。

2. 法制建设及执法情况

为了依法管理保护区，保护区管理处组织专家经过广泛调研，起草了《天津古海岸与湿地国家级自然保护区管理办法》，并于 2004 年 6 月 21 日经天津市人民政府第 30 次常务会议通过，会议同时对该管理办法进行了修改。依据修改后的《天津古海岸与湿地国家级自然保护区管理办法》，保护区管理处制定了详细的内部管理制度，为有效管理保护区奠定了基础。

保护区管理处严格执行国家及天津市有关海洋自然保护区的法律、法规和政策规定,从 1998 年至 2004 年年底,保护区管理处累计巡查次数达到 5 256 人次,处置各类违法案件 83 起,有力地保护了贝壳堤、牡蛎礁和珍稀野生动植物。

3. 土地权属

保护区内土地全部为集体所有。原来当地居民每年按各自分配的地块收割芦苇,芦苇对于各种动物生存、繁衍和越冬而言,一年四季都是需要的。此外,七里海湿地部分还有一处河北省唐山市飞地——芦台经济技术开发区,以及一处北京市飞地——清河农场。土地权属问题给保护区的管理和维护工作带来困难,这也是历史延续问题。自然资源部门开展自然保护地优化整合工作会使这一问题有望得到解决。

3.2.6　社会经济现状

本保护区共涉及宁河区、宝坻区、津南区、滨海新区 52 个村庄约 10 万人口。本保护区核心区内土地利用方式以芦苇生产用地和渔业养殖水面为主;缓冲区以渔业养殖水面和农业用地为主,有部分企业分布;实验区范围大,主要保护对象为牡蛎礁和贝壳堤,土地利用形式复杂,主要为农业用地、居民用地、商业用地及交通用地等。

3.3　天津八仙山国家级自然保护区

天津八仙山国家级自然保护区坐落在天津市蓟州区东北部燕山山脉南翼,居京、津、唐、承四市腹心,东临全国重点文物保护单位清东陵,西接蓟县中、上元古界国家自然保护区,南望天津市重点水源地于桥水库,北眺河北兴隆雾灵山自然保护区,总面积 10.49 km^2。保护区核心区面积为 5.5 km^2,占保护区总面积的 52.4%;缓冲区面积为 3.0 km^2,占保护区总面积的 28.6%;实验区面积为 1.99 km^2,占保护区总面积的 19.0%。

3.3.1　自然地理概况

1. 地质地貌

天津八仙山国家级自然保护区坐落在燕山山脉中段南侧,属于中生代“燕山构造运动”褶皱、隆起的褶皱山。由于隆起的幅度与岩性的差异,山的外形有明显的不同。本保护区的最高峰——聚仙峰(俗称“蝈蝈笼子”)海拔 1 052 m,也是天津市境内第二高峰。本保护区的山地地貌一方面受“燕山构造运动”南北向挤压褶皱作用的影响,构成山地的长城系常州沟组石英岩地层多呈东西走向、向南倾斜的单斜山形态。另一方面受东西向、北西西向、北北西向和北东向、北北东向断裂构造的影响,此处地貌形成以聚仙峰地区为中心,向四周辐射的岭谷相间的地貌结构特征,并控制着保护区河流的发育、水文网的组合形式。

根据八仙山保护区的具体情况,依据《中国地貌区划(初稿)》(1959 年)、《中国自然地理、地貌》(1980 年)、《天津自然地理》(1988 年)等地貌分类系统,按形态成因加地表物质组成的分类原则,本保护区的地貌类型主要有构造剥蚀中山、构造剥蚀低山、剥蚀堆积台地、侵蚀堆积谷地、堆积河流阶地等5种类型。

2. 水文

1)地表水

本保护区内的河流属于桥水库(翠屏湖)流域的淋河水系。发源于聚仙峰向北流的石洞沟、庙台沟、文燕沟、八仙沟、獐毛沟内的溪水经过交汇后,于河北省兴隆县挂兰峪镇三拨子村注入淋河东支。淋河东支自北向南流,经过河北省兴隆县、天津市蓟州区孙各庄满族乡注入于桥水库。发源于八仙山聚仙峰向南流的河流有黑水河、太平沟村河流,它们在北齐长城脚下合流后称小港河,向南流与关东河汇流后称洒河西支,继续向东流与淋河东支合流,然后注入于桥水库。发源于八仙山聚仙峰的河流,除了在石洞沟、庙台沟、文燕沟等中的河流常年有水外,其余多是季节性河流。

2)地下水

本保护区地质构造复杂,新构造运动控制了新生代地层的沉积,对地下水的贮存、补给和排出起着一定的控制作用。本保护区的地下水按水文地质条件分为两种类型。一是松散地层中的孔隙水。其主要分布于八仙桌子附近和黑水河管理站附近地区,为砂砾石松散地层含水组,水量丰富,水质甘冽,经监测为I类优质饮用水。二是基岩地层裂隙水。八仙山保护区的基岩为太古宇变质岩地层、元古宇长城系常州沟组石英砂岩、石英岩和长城系串岭沟组粉砂质页岩地层。前两者为隔水岩层,后者为弱含水岩层,地下水赋存条件差,地下水主要储存于岩层裂隙之中,开采难度较大。

3. 土壤

保护区的土壤分为两个土类,分别为棕壤土类、褐土土类;三个亚类,分别为山地棕壤亚类、粗骨性褐土亚类、淋溶褐土亚类;3个土层,分别为砂岩类山地棕壤土层、砂岩类粗骨性褐土土层、黄土性母质淋溶褐土土层;4个土种,分别为薄层有机质层砂岩类山地棕壤、薄土层砂岩类山地棕壤、薄层砾质砂岩类粗骨性褐土、黄土状母质淋溶褐土。

棕壤分布在八仙山保护区海拔800 m以上的中山区。这一带因海拔高,气候温凉多雨,年平均气温为10 ℃左右,年降水量超过900 mm,年降水量大于蒸发量,是天津市降水最多、湿度最大、夏季气温最低地区。这里自然植被茂密,以蒙古栎为优势种,其覆盖率达95%以上。林下土壤为发育良好的棕壤,是华北暖温带地带性土壤类型的典型代表。土壤表层为枯枝落叶层,中层为黑色或灰褐色腐殖质层,下部为棕色淋溶层。土体中夹有半风化的石块,土层薄,一般厚50~60 cm,土壤成团,因降水多,淋溶作用强,全剖面无石灰反应,土壤呈微酸性。

褐土是本保护区分布最广、面积最大的土壤类型,是华北暖温带具有代表性的地带性土壤类型。本保护区内分布着淋溶褐土和粗骨性褐土两个亚类。其中淋溶褐土是本保护区内最主要的土壤亚类,除了分布在800 m以上的山地棕壤和局部少量粗骨性褐土以外,保护区内几乎到处都是淋溶褐土分布的地方。粗骨性褐土分布在保护区边界植被遭严重破坏、土壤侵蚀较严重的陡坡地区,土层薄,厚度仅20 cm左右,受侵蚀严重,富含砾石,其含量一般超过30%,有机质含量低,土壤发育弱,pH值为7左右,属中性土壤。

3.3.2　保护区的历史沿革

八仙山国家级自然保护区地处清东陵以南，所在地在清朝时期被划定为清东陵的“风水禁地”，由皇陵护卫军巡查看护。山上苍松翠柏，古树参天，林海茫茫，鸟兽众多，呈现一片原始森林面貌。清宣统二年（公元 1910 年），因政治衰败，经济凋敝，清政府无力支付军饷，便宣而开禁，以林代饷，各地木商蜂拥而至，在这里进行掠夺性砍伐，使原始森林遭到破坏。在原始森林被大肆砍伐的地方，萌生出天然次生林。中华人民共和国成立后，八仙山于 1954 年建立国有林场。经过 60 多年的封山育林和树木养护，八仙山的森林植被逐渐恢复，生态环境逐渐好转，森林覆盖率达到 85%，形成华北地区少见的保留有原始森林特性的天然次生林区，被誉为天津的“天然植物园”“野生动物园”。

1984 年 12 月，为了更好地保护森林生态环境、野生动植物资源及天津市的水源涵养地，经天津市人民政府批准（津政办函〔1984〕101 号），建立蓟县八仙桌子县级天然次生林生态自然保护区，面积为 4.16 km^2，由蓟县国有林场代管。1990 年 4 月，经天津市人民政府批准其升格为市级自然保护区，并建立天津市蓟县八仙桌子自然保护区管理所。1991 年 7 月，经天津市人民政府批准其更名为“天津市蓟县八仙山自然保护区”。1995 年 11 月，经国务院批准（国函〔1995〕108 号）其升级为“天津八仙山国家级自然保护区”，保护区面积达 10.49 km^2，并经国务院批准建立“天津八仙山国家级自然保护区管理局”，使保护区的建设和发展走上正轨。

3.3.3　自然资源与主要保护对象

1. 自然资源

1）野生植物资源

本保护区地处燕山山区，气候、土壤及地形等自然生态条件优越，植物资源丰富且种类繁多，又经过前后数十年的经营、保护和管理，自然生态系统发育良好。据调查，本保护区内植物有 96 科、310 属、524 种（含变种）。植被覆盖以乔木树种为主，构成天然次生林群落。其中属于国家珍贵、濒危和重点保护的植物有 12 种。

本保护区药用植物有 220 多种，如刺五加、黄檗、盐肤木、山楂、丹参、沙参、黄精、玉竹、白桔梗、黄芩、穿龙薯蓣、益母草、龙牙草、卫予、地榆、北五味子、地黄、石韦、何首乌、射干、远志、小檗、柴胡、防风、独活、龙胆、藿香、透骨草、接骨木、半夏、知母、天门冬等。食用菌有松蘑、红蘑、木耳等。

2）野生动物资源

本保护区地形复杂，植物种类繁多，为动物的生存提供了良好的栖息地和繁衍环境，因此野生动物资源丰富。据初步调查，保护区内有陆生野生脊椎动物 60 科（亚科）、180 种。

3）景观资源

（1）森林植被景观丰富。八仙山国家级自然保护区内森林茂密，森林资源丰富，植被类型多样。由于处在从沿海到内陆，从湿润地区到半干旱地区，从暖温带到温带，从森林向草原，从华北地区到东北、内蒙古地区的过渡带上，这里的植被具有暖温带落叶阔叶林地带性植被类型的典型性和代表性。

（2）自然山水雄奇秀丽。八仙山保护区山高坡陡，沟壑纵横，复杂的地形地貌造就了奇特的自然景观。八仙山主峰聚仙峰海拔 1 052 m，为天津市第二高峰。由于地质构造复杂，保护区内峰峦叠嶂，峭壁耸云，怪石嶙峋，洞穴深幽，奇异的石景有鳄鱼头、金龟望北斗、一线洞天、将军壁立等。再加上保护区内森林茂密，树奇石怪，形成了林木葱郁、松涛阵阵、雀噪蝉鸣、花香四溢的壮美景观。

2. 主要保护对象

天津八仙山国家级自然保护区为森林和野生动物型的国家级自然保护区，以保护暖温带落叶阔叶林地带性生物类型和生态系统及珍稀濒危野生动植物资源及其栖息地为宗旨，是集生物多样性保护、科研宣教、生态旅游和可持续发展等功能于一体的综合性自然保护区；是开展科研、教学实习的重要基地，对京、津地区的生态环境起着重要的屏障作用，是天津市重要的水源涵养地。

本保护区的主要保护对象是天然次生落叶阔叶林生态系统、野生动植物资源、生物种质基因库和水源涵养地。

3.3.4　植物概况

本保护区内原生植被早已被破坏殆尽，经过多年的封山育林，又自然恢复为以暖温带落叶阔叶林为主的森林植被。植物种类较丰富，群落结构完整，不仅具有华北地区的典型性，同时还有一定的稀有性和特异性。华北区系成分代表植物有油松、栓皮栎、槲栎，具有热带特点的喜暖性代表植物有臭椿、中华秋海棠、扁担木、荆条和杠柳等；与东北植物区系紧密联系的代表植物有蒙古栎、胡桃楸等；华北特有的种类有东陵八仙花、蚂蚱腿子、独根草等。

在分布上，海拔 700 m 以上的沟谷、坡梁（如八仙桌子石洞沟、明安梁等处）分布有落叶阔叶混交林；海拔 220~800 m 的区域都有油松林带分布。海拔 700 m 以上的聚仙峰等处，山头或山脊两侧多分布有蒙古栎林；海拔 800 m 以上分布有山杨林；在庙台沟南侧山坡分布有鹅耳栎林；在太平沟和八仙桌子分布有人工油松林。保护区内其他的植被还有鹅耳枥林、平基槭林、槲栎林等。

3.3.4.1　植物科属组成

本保护区共有植物 96 科、310 属、524 种（含变种）。其中蕨类植物有 12 科、14 属、24 种（含变种），裸子植物有 2 科、2 属、2 种，被子植物有 82 科、294 属、498 种（含变种）。

1. 科的组成分析

八仙山自然保护区野生维管束植物科内所含属数、种数差异较大。在保护区内维管束植物中，在区内排在前面的优势科（含 20 种以上）分别是菊科（29 属，55 种）、禾本科（27 属，37 种）、豆科（19 属、33 种）、蔷薇科（14 属、27 种）和百合科（13 属、23 种），这 5 科占本区植物总科数的 5.21%，但是所含的属数占本区总属数的 32.90%，含的种数占总种数的 33.40%。含 11~19 个种的科有 5 个，分别是唇形科（10 属、16 种）、毛茛科（8 属、16 种）、蓼科（4 属、15 种）、伞形科（11 属、12 种）、石竹科（8 属、11 种）。含 2~9 个种的科有 63 个，占总科数的 65.63%。含单属种的科有 23 个，占总科数的 23.96%。

2. 属的组成分析

在属的组成上，保护区含 10 种以上的属有蒿属（11 种）、蓼属（10 种），占保护区总属数的 0.65% 与总种数的 4.01%，含 5~9 种的属有 9 个（54 种），占保护区总属数的 2.91% 和总种数的 10.31%，其中白前属 8 种、委陵菜属 7 种、沙参属 6 种、栎属 6 种、榆属 5 种、铁线莲属 5 种。含 2~4 种的属有 112 个（260 种），占保护区总属数的 36.13% 和总种数的 49.62%，含 4 种的属有卷柏属、葱属和黄精属等，含 3 种的属有椴属、败酱属、茄属等。仅含 1 种的属有 187 个，占总属数和总种数的 60.33% 和 35.69%，如地榆属、龙牙草属等。

天津八仙山国家级自然保护区的中国特有种共 7 属 7 种，分别为青檀属的青檀、翼蓼属的翼蓼、独根草属的独根草、文冠果属的文冠果、蚂蚱腿子属的蚂蚱腿子、知母属的知母、孔颖草属的白羊草。

3.3.4.2　主要植被类型分布特征

按照《中国植被》（吴征镒，1980）的分类单位和系统，根据植物种类组成、群落的外貌和结构、生态环境及动态特征，本保护区的植被划分为 3 个植被型组、4 个植被型、27 个群系。针叶林主要是油松林，阔叶林主要有蒙古栎林、栓皮栎林、丁香杂木林、鹅耳枥林、槲栎林、大果榆林、吴茱萸林、山杨林、栾树林、平基槭林，灌丛主要有荆条灌丛、北京丁香灌丛、扁担木灌丛、大叶朴灌丛、小花溲疏灌丛等，灌草丛主要有荆条灌草丛、三裂绣线菊灌草丛等，见表 3-8。

表 3-8　本保护区主要植被类型系统表

植被型组	植被型	群系	
针叶林	暖温性油松林	1 油松林	
阔叶林	落叶阔叶林	2 蒙古栎林	7 大果榆林
		3 栓皮栎林	8 吴茱萸林
		4 丁香杂木林	9 山杨林
		5 鹅耳枥林	10 栾树林
		6 槲栎林	11 平基槭林
灌丛和灌草丛	灌丛	12 荆条灌丛	16 小花溲疏灌丛
		13 北京丁香灌丛	17 薄皮木灌丛
		14 扁担木灌丛	18 大叶白蜡灌丛
		15 大叶朴灌丛	19 迎红杜鹃灌丛
	灌草丛	20 荆条灌草丛	24 吴茱萸灌草丛
		21 三裂绣线菊灌草丛	25 山楂叶悬钩子灌草丛
		22 大叶朴灌草丛	26 大叶白蜡灌草丛
		23 太平花灌草丛	27 小花溲疏灌草丛

1. 针叶林－油松林

油松林在本保护区内分布最广，从海拔 229 m 开始到 900 m 以上都有分布，在海拔 540 m 的黑水河分布的为人工林，其余多为次生林。油松林在阴坡、半阴坡、阳坡、沟底分布突出，郁闭度最高达 90% 以上。林下灌木层主要有大叶朴、荆条、大花溲疏、鹅耳枥更新苗、绣线菊、大叶白蜡、吴茱萸更新苗等。草本层主要是求米草、穿山龙、披针叶苔草、大叶铁线莲、蓝萼香茶菜、东亚唐松草、异叶败酱、薯蓣等。

2. 阔叶林

（1）蒙古栎林。保护区在海拔 470 m 有蒙古栎纯林，平均郁闭度为 60%。林下灌木有大叶白蜡、鹅耳枥、孩儿拳头、黑枣、胡枝子、雀儿舌头等。在海拔 730 m 以上的蒙古栎林多为落叶阔叶混交，多长在北偏东和偏西阴坡处。海拔 470 m 分布的除林下灌木外还有南蛇藤、葎叶蛇葡萄、三裂绣线菊、迎红杜鹃、小花溲疏、蚂蚱腿子等。草本层主要有三脉紫菀、山楂叶悬钩子、矮紫苞鸢尾、圆叶堇菜、歪头菜、野青茅、异叶败酱、银背风毛菊、银粉背蕨等。

（2）栓皮栎林。栓皮栎林主要分布在海拔 500 m 以上，集中分布在海拔 580 m 的中、下坡。灌木层主要有大叶白蜡、大叶朴、鹅耳枥苗、荆条、胡枝子、雀儿舌头、栓皮栎更新苗、小花溲疏、小叶朴等。草本层主要有矮紫苞鸢尾、蝙蝠葛、糙叶败酱、穿山龙、大油芒、黄花蒿、蓝萼香茶菜、狼尾草、多歧沙参、狗尾草、绵枣儿、披针叶苔草、野青茅、野山药、裂叶牵牛等。

（3）丁香杂木林。其分布在海拔 700~720 m 处，混生有鹅耳枥、吴茱萸和较少的油松。灌木层主要有薄皮木、大叶白蜡、锦带花、三裂绣线菊、太平花、小花溲疏等。草本层物种主要有大叶铁线莲、短尾铁线莲、野山药、蓝萼香茶菜、龙牙草、披针叶苔草、野青茅、野山药、藜芦、斑叶堇菜等。

（4）鹅耳枥林。其主要分布在松花泉西沟和太平沟北海拔为 720 m 的阴坡和半阴坡或者沟底，混生有槲栎和丁香。灌木层主要有大叶白蜡、蚂蚱腿子、三裂绣线菊、小花溲疏、迎红杜鹃等。草本层主要有披针叶苔草、求米草、东亚唐松草、大油芒以及少量黄精、玉竹等。

（5）槲栎林。其主要分布在八仙山黑水河谷、八仙山明安梁，海拔为 590~800 m 的西坡和南坡，混生有鹅耳枥、蒙古栎、山杨、黑枣。灌木层主要有三裂绣线菊、胡枝子、大叶白蜡、臭檀等。藤本有葎叶蛇葡萄、穿山龙、猕猴桃等。草本层主要有北柴胡、披针叶苔草、大油芒、野青茅、黄精等。

（6）大果榆林。其分布在海拔 900 m 以上的地带。灌木层主要有大叶白蜡、大叶朴、小花溲疏、葎叶蛇葡萄等。草本层主要有东亚唐松草、糙苏、鸡腿堇菜、龙牙草、披针叶苔草、楼斗菜、紫沙参、蝙蝠葛等。

（7）吴茱萸林。其主要分布在海拔 640 m 以上的半阴坡，坡的坡度为 15°~25°，郁闭度为 80%。此树的平均胸径和平均高度分别为 11.4 cm 和 8.9 m，与白蜡和油松混生。灌木层盖度为 12%，灌木平均高度为 0.7 m，主要有大叶白蜡、锦带花、柔毛绣线菊、软枣弥猴桃、太平花、小叶鼠李等。

（8）山杨林。其分布在海拔 540 m 的中坡，郁闭度为 70%，混生有大叶朴、鹅耳枥、胡桃楸、蒙古栎、栓皮栎，偶尔出现吴茱萸。灌木层高 0.8 m，主要有大叶白蜡、太平花、山楂叶悬钩子、三裂绣线菊和白蜡、鹅耳枥、臭椿等。草本层主要有求米草、野青茅、竹叶子、黄精，分布少量的鸭趾草、野大豆、隔山消、穿山龙、茜草、蓝萼香茶菜等。

(9)栾树林。其主要分布在海拔700~880 m的中、上坡，坡度为25°~35°。树平均高8.6 m，平均胸径为11.5 cm，最大为20 cm，郁闭度为80%，常伴生有蒙桑和鸡爪槭。灌木层主要有大叶白蜡、黄果朴、葎叶蛇葡萄、野山药等。草本植物较为稀疏，有少量的南牡蒿、异叶败酱、马兜铃、多歧沙参、黄精、北柴胡、烟管头草等。

(10)平基槭林。其分布在海拔800 m、坡度30°~40°的中坡。树的胸径为4.3~17.1 cm，平均胸径为7.7 cm，平均高7.3 m，最高为11 m，郁闭度为60%~70%。平基槭林中混生有鹅耳枥、蒙古栎、紫椴。灌木层平均高0.8 m，主要有大叶白蜡、小花溲疏、迎红杜鹃、大花溲疏、刚毛忍冬，偶见雀儿舌头、圆叶鼠李、大叶铁线莲等。草本层主要有披针叶苔草、野青茅、玉竹，分布有少量糙苏、三脉紫菀、银背风毛菊等。

3. 灌丛

(1)荆条灌丛。此类型在保护区内分布最广、最为常见，主要分布在"万卷天书"景点南、北齐长城、八仙山入口等处，大多生长在300~370 m低海拔的中下坡、沟谷、路边的阳面。其平均高度为1.3 m，盖度达80%，伴生有胡枝子、三裂绣线菊、大花溲疏，其他灌木植物还有杭子梢、岩椒等。草本植物有大油芒、求米草、狼尾草等。

(2)北京丁香灌丛。其主要分布在本保护区检票口西和太平沟底，分布区域海拔320 m，坡度为10°~27°，盖度为60%，混生有核桃楸、栾树、薄皮木、荆条、大叶朴。伴生草本植物有牛尾蒿、马兜铃、北京隐子草、黄花酢浆草、抱茎苦荬菜、蓝萼香茶菜、异叶败酱、短尾铁线莲等。

(3)扁担木灌丛。扁担木又叫孩儿拳头，分布在海拔较低的阳坡干燥地，在本保护区内主要集中分布在海拔304~420 m处，盖度最高达90%，平均高2.1 m，混生有荆条、太平花、叶下珠、栗树等。草本植物有裂叶牵牛、大油芒、狗尾草等。

(4)大叶朴灌丛。其在海拔800 m以下的区域均有分布，伴生的主要灌木有三裂绣线菊、小花溲疏、荆条、接骨木、雀儿舌头、胡枝子、太平花等。草本较少，主要种类有狭叶砧草、三脉紫菀、糙苏、野青茅等。

(5)小花溲疏灌丛。其分布在海拔400 m的阴坡和半阴坡，盖度达65%，坡度在25°以上。灌木层除少量的黄栌、北苍术外，还有小叶朴、荆条、山楂叶悬钩子、苍术、黄栌、叶下珠等。

4. 灌草丛

三裂绣线菊灌草丛。其主要分布在海拔较高(1 030~1 052 m)的半阴坡和阳坡，坡度为30°，在八仙山最高峰周边、接近林缘沿着山脊有较多的分布，受干扰强度较弱，盖度达90%，平均高度为0.75 m。其混生有胡枝子、大花溲疏、鹅耳枥、雀儿舌头、迎红杜鹃、照山白等。草本层长势旺盛，盖度高达90%，主要有狗尾草、胡枝子、雀儿舌头、银背风毛菊、野青茅、灯心草蚤缀、鬼针草等，较少分布猪毛蒿、抱茎苦荬菜、照山白、石竹、铁苋菜、棉枣。高山草甸独有的草本有大花剪秋萝、地榆、轮叶景天、山丹、山韭、瓦松。

3.3.5 动物概况

1. 两栖爬行类

八仙山保护区现已记录24种两栖、爬行动物(表3-9)。其中,两栖动物有7种,隶属1目、4科,未发现有尾目物种。在7种两栖动物中,有蟾蜍科2种、雨蛙科1种、蛙科3种和姬蛙科1种;爬行动物有17种,隶属2目、4科,其中蜥蜴目3科7种;蛇目仅1科,即游蛇科,共10种。

表3-9 本保护区两栖爬行动物组成

爬行纲(Rpetilia)			两栖纲(Amphibian)		
目	科	种	目	科	种
蜥蜴目	壁虎科	无蹼壁虎	无尾目	蟾蜍科	中华大蟾蜍、花背蟾蜍
	蜥蜴科	丽斑麻蜥、山地麻蜥		雨蛙科	无斑雨蛙
	石龙子科	蓝尾石龙子、黄纹石龙子、北滑蜥、南滑蜥		姬蛙科	北方狭口蛙
蛇目	游蛇科	赤链蛇、虎斑游蛇、黄脊游蛇、黑眉锦蛇、玉斑锦蛇、棕黑锦蛇、王锦蛇、团花锦蛇、乌梢蛇、白条锦蛇		蛙科	黑斑侧褶蛙、中国林蛙

八仙山保护区为典型的森林地带,但保护区内水源丰富、坑塘密布、杂草丛生、树木丰富,为动物的生存提供了良好的环境条件,两栖、爬行动物资源较为丰富。尽管本保护区缺乏国家重点保护的两栖、爬行动物,但仍有不少国家"三有"动物。2008年天津市人民政府公布的《天津市重点保护野生动物名录》中有两栖类动物共7种,八仙山自然保护区有6种(花背蟾蜍、中华大蟾蜍、无斑雨蛙、黑斑侧褶蛙、中国林蛙、北方狭口蛙),占85.71%;名录中有爬行类19种,八仙山自然保护区有17种,占94.73%。由此看出,八仙山自然保护区是天津市最重要的两栖、爬行动物栖息地。

2. 鸟类

关于天津八仙山的鸟类,《天津市蓟县八仙山八仙桌子自然保护区综合调查》中记录了123种(许宁,1990),这些在京津地区生物生态学研究中有所涉及。从1990年至今,随着保护区环境的不断改变,鸟类的组成也发生了变化,2008年天津市自然博物馆与保护区管理机构联合对八仙山鸟类作了进一步的调查,共收录到137种鸟类。

八仙山自然保护区鸟类有137种,占天津市鸟类总种数的35.22%(王凤琴,2006)。其中国家Ⅰ级保护鸟类有1种,是金雕;国家Ⅱ级保护鸟类有14种,分别是雀鹰、灰脸鵟鹰、普通鵟、白尾鹞、燕隼、红脚隼、红隼、花尾榛鸡、红角鸮、领角鸮、雕鸮、花头鸺鹠、灰林鸮、长耳鸮。Ⅰ、Ⅱ级保护鸟类占本保护区鸟类的10.95%;《中日保护候鸟及其栖息环境的协定》中规定的保护鸟类有44种;《中澳保护候鸟及其栖息环境的协定》中规定的保护鸟类有5种。在保护区鸟类组成中,雀形目鸟类有98种,占保护区鸟类总种数的71.54%,雀形目鸟多是保护区的一大特点。其次是隼形目、鸡形目和鸮形目,属于湿地水鸟的鹤形目和鸻形目鸟类只有 3 种。

在本地区的鸟类中，旅鸟有 55 种，夏候鸟有 31 种，冬候鸟有 6 种，留鸟有 45 种，留鸟占 32.85%，候鸟和旅鸟占 67.15%，说明本保护区位于鸟类迁徙的通道上，是鸟类南迁北移的重要中转站。鸟类居留的季节性明显，在春秋迁徙季节，在不同生境内鸟类在数量和种类上出现高峰期，鸟类组成具有较大的季节波动性，夏季和冬季鸟类数量稳定。八仙山自然保护区鸟类组成见表 3-10。

表 3-10　本自然保护区鸟类组成

	科	所占比例 /%	属	所占比例 /%	种	所占比例 /%
隼形目	2	4.55	6	7.14	8	5.84
鸡形目	2	4.55	6	7.14	6	4.38
鹤形目	1	2.27	1	1.19	1	0.73
鸻形目	2	4.55	2	2.38	2	1.46
鸽形目	1	2.27	2	2.38	3	2.19
鹃形目	1	2.27	1	1.19	3	2.19
鸮形目	1	2.27	5	5.95	6	4.38
夜鹰目	1	2.27	1	1.19	1	0.73
雨燕目	1	2.27	1	1.19	1	0.73
佛法僧目	2	4.55	2	2.38	2	1.46
戴胜目	1	2.27	1	1.19	1	0.73
鴷形目	1	2.27	2	2.39	5	3.65
雀形目	28	63.64	54	64.29	98	71.53
总计	44	100	84	100	137	100

由表 3-10 可见，本保护区的鸟类中，雀形目鸟类在科、属以及种层次上均占有绝对优势，分别为 28 科、54 属、98 种，各占 63.64%、64.29% 和 71.54%，表明该地区的鸟类以雀形目为主。这与天津的整体情况相反，与本地区的地理环境相关。由于天津整体以湿地环境为主，湿地鸟类占了很大比例，鸟类组成以非雀形目为主。而本保护区以山地森林为主，雀形目鸟类占多数。虽然保护区山涧有一些溪流水域，但季节性很强，蓄水量小，所以依赖湿地的鸟种很少。

在本保护区的鸟类组成中，常见的优势种是山地森林代表物种——大山雀、北红尾鸲、棕眉山岩鹨、灰眉岩鹀、棕头鸦雀等。本保护区为中低山脉，最高峰海拔 1 052 m，鸟的垂直分布不是很明显，部分鸟类分布很广，在 4 个垂直带均有栖息，如大山雀、北红尾鸲、小星头啄木鸟、银喉长尾山雀、棕头鸦雀、灰眉岩鹀等。小部分种类只在某个垂直带分布，如岩燕只在黑水河以下的岩石区筑巢繁殖，普通鳾在八仙桌子附近常见，黄腹山雀出现于较高的海拔地区。

3. 兽类

八仙山自然保护区的兽类有26种，隶属6目、13科，见表3-11。其中国家Ⅱ级保护动物有2种（青鼬、斑羚），国家“三有”动物有12种，天津市重点保护动物有8种，CITES附录记载的有3种（青鼬、豹猫、斑羚）。在这些兽类中，中国特有种有1种，即岩松鼠。

表3-11　本保护区兽类组成

<table>
<tr><th>目</th><th>科</th><th>种</th><th>目</th><th>科</th><th>种</th></tr>
<tr><td rowspan="2">食虫目</td><td>猬科</td><td>刺猬*</td><td rowspan="5">啮齿目</td><td>松鼠科</td><td>花鼠*▲、岩松鼠*▲、隐纹花松鼠*</td></tr>
<tr><td>鼩鼱科</td><td>普通鼩鼱</td><td>鼯鼠科</td><td>飞鼠</td></tr>
<tr><td>翼手目</td><td>蝙蝠科</td><td>东方蝙蝠</td><td>鼠科</td><td>小家鼠、黑线姬鼠、大林姬鼠、社鼠*、褐家鼠、中华姬鼠</td></tr>
<tr><td>兔形目</td><td>兔科</td><td>草兔*</td><td rowspan="2">仓鼠科</td><td rowspan="2">黑线仓鼠、大仓鼠、棕背平鼠、棕色田鼠</td></tr>
<tr><td rowspan="3">食肉目</td><td>鼬科</td><td>青鼬Ⅱ、黄鼬*▲、猪獾*▲、狗獾*▲</td></tr>
<tr><td>猫科</td><td>豹猫*▲</td><td rowspan="2">偶蹄目</td><td>鹿科</td><td>狍*▲</td></tr>
<tr><td>灵猫科</td><td>花面狸*▲</td><td>牛科</td><td>斑羚Ⅱ</td></tr>
</table>

注：* 为国家“三有”动物、▲为天津市重点保护动物、Ⅱ为国家Ⅱ级保护动物。

3.3.4　保护区的管理现状

1. 现状土地覆盖

根据《全国生态环境十年变化（2000—2010年）遥感调查与评估项目技术指南》中的土地覆盖分类体系，本保护区内共涉及森林、灌丛、草地、湿地、农田、城镇及裸地等生态系统类型Ⅰ级类，其下又可分为阔叶林、针叶林、针阔混交林、稀疏林、阔叶灌丛、草地、湖泊（坑塘）、耕地、园地、居住地、工矿交通、裸岩等12种生态系统类型Ⅱ级类，各类面积及比例见表3-12。统计结果显示，保护区主要的生态系统类型为森林生态系统和灌丛生态系统，分别占保护区总面积的86.5%和10.42%，两者面积总和占比达到96.92%。本保护区内仅有1处村庄——下营镇太平沟村，共10余户人家。八仙山国家级自然保护区除太平沟村宅基地、园地及耕地外，全部为国有林场，土地和资源为国有，由保护区管理机构进行代管。

表3-12　本保护区土地覆盖现状

<table>
<tr><th>序号</th><th>编码</th><th>Ⅰ级分类</th><th>面积/万m²</th><th>比例/%</th><th>编码</th><th>Ⅱ级分类</th><th>面积/万m²</th><th>比例/%</th></tr>
<tr><td>1</td><td rowspan="4">1</td><td rowspan="4">森林</td><td rowspan="4">907.42</td><td rowspan="4">86.5</td><td>11</td><td>阔叶林</td><td>857.44</td><td>81.74</td></tr>
<tr><td>2</td><td>12</td><td>针叶林</td><td>30.57</td><td>2.91</td></tr>
<tr><td>3</td><td>13</td><td>针阔混交林</td><td>19.16</td><td>1.83</td></tr>
<tr><td>4</td><td>14</td><td>稀疏林</td><td>0.25</td><td>0.02</td></tr>
<tr><td>5</td><td>2</td><td>灌丛</td><td>109.32</td><td>10.42</td><td>21</td><td>阔叶灌丛</td><td>109.32</td><td>10.42</td></tr>
</table>

续表

序号	编码	Ⅰ级分类	面积/万 m^2	比例/%	编码	Ⅱ级分类	面积/万 m^2	比例/%
6	3	草地	1.37	0.13	31	草地	1.37	0.13
7	4	湿地	0.14	0.01	42	湖泊(坑塘)	0.14	0.01
8	5	农田	18.46	1.76	51	耕地	0.07	0.01
9					52	园地	18.39	1.75
10	6	城镇	4.86	0.46	61	居住地	0.99	0.09
11					63	工矿交通	3.87	0.37
12	9	裸地	7.43	0.72	91	裸岩	7.43	0.72
总计			1 049	100			1 049	100

2. 管理机构

1)机构和人员设置

本保护区的管理机构为八仙山国家级自然保护区管理局,为全额拨款正处级事业单位,隶属蓟州区人民政府。本保护区实行局、站二级管理体制,业务归属天津市规划和自然资源局。管理局设有办公室、财务科、资源管理科、科研科、旅游服务公司、社区与宣教科等 6 个科室和八仙桌子、太平沟、黑水河、北沟口 4 个管理站,其中太平沟管理站下设聚仙峰管理点,八仙桌子管理站下设石洞沟口管理点。检查站设在太平沟口。

本保护区管理局 2020 年有干部职工 75 人,其中行政管理人员 6 人,占职工总数的 8%;巡护管理人员 55 人,约占职工总数的 73%;各类技术人员 12 人,占职工总数的 16%,退休 2 人。其中具有大专以上学历的 4 人,占技术人员总数的 33.3%;具中专学历的有 8 人,占技术人员总数的 66.7%;具有中级职称的有 2 人,具有初级职称的有 10 人。

2)资源保护

在进保护区的南侧入口和北部入口河北省三拨子村设有 2 个检查站,有效控制了人员进出保护区产生的火源、盗伐现象。另外本保护区配备了专职护林员进行日常护林巡视,严肃查处毁林事件和人为破坏国家自然环境及自然资源的行为。

多年来,本保护区推行防火责任制和责任追究制,加大了各项防火措施的落实力度。管理局与周边共签订各类责任书达 150 份,增强了周边村民及职工的森林防护责任意识;重新制定了《防火扑火预案》,并与周边 10 个村庄联合,组建 100 名联防扑火队伍,并对人员进行全面培训,配备了服装、通信设备、灭火器具等;局领导多次对林区进行安全防火和有关规章制度落实情况的大检查,整改各类安全隐患 10 多起;安装防火监测系统,利用标语、广播、防火牌等多种形式,增强人们的森林防护意识;严格控制游客在旅游区丢弃垃圾,携带易燃、易爆物品的行为。通过这些工作,本保护区实现了 20 多年无重大森林火警火灾。

3. 科研监测

本保护区管理机构同多所大专院校和科研院所合作开展了保护区自然资源与生态环境科研监测工作。

(1)在中国林业科学研究院资源信息研究所的帮助下,尝试建立无线传感器网络实时监测系统,结合二类森林资源调查,设立固定样地;与八仙山研究所合作,筹备建立保护区气象、土壤、空气、生态定位监测及自然地理信息系统。

(2)与天津市自然博物馆、天津师范大学、南开大学、河北大学及中国农业大学合作,对保护区的自然资源进行了本底调查。

(3)在南开大学、天津农学院及北京林业大学来保护区实习师生的支持下,保护区管理机构开展植物标本资料收集工作,合作拍摄标本照片;并与中国林业科学研究合作,按照制定的规范和标准对保护区生物标本进行采集、整理、鉴定和数字化描述。

(4)与北京林业大学、中国林业科学研究院、天津师范大学等多家单位合作,开展资源的本底调查、发展变化和合理利用情况三大类课题研究。与南开大学生命科学系联合出版了《八仙山蝴蝶图谱》,并合作发表论文;与天津自然博物馆合作出版《天津八仙山国家级自然保护区生物多样性考察》。

4. 宣传教育和培训

多年来,本保护区采用展板、广播电视、书写标语、散发文字资料等形式就有关保护区的政策、法律法规等进行宣传,取得了一定的实际效果。本保护区 1999 年被命名为“中国科协全国科普教育基地”和“天津市科学技术协会科普活动基地”。1996 年以来,天津商学院(现天津商业大学)、南开大学环境科学与工程学院、天津医科大学药学院、天津美术学院和天津一中先后把八仙山保护区作为教学实践基地。八仙山保护区还被天津实验中学作为革命传统教育基地,被天津市蓟州区一中作为科学考察和劳动基地,被北京林业大学自然保护区学院作为实践点。本保护区自建立以来,已先后接待了数万人次的大学生、中专生和小学生到这里进行教学实习、科技实践、生态夏令营活动,组织了天津市小学生作文大赛、职工业余摄影大赛等。

本保护区外聘专家,先后开展了基本岗位技能、巡护监测人员的地形图使用、植物标本采集和记录、基本仪器设备使用等方面的职工培训。在美国大自然保护协会的组织下,管理局有关领导分别考察了湖南的张家界、壶瓶山和湖北的神农架等自然保护区,培训本保护区的工作人员掌握地理信息系统的使用知识,编制保护规划。保护区还投资建设了 1 200 m^2 的动植物标本馆、400 m^2 的宣教馆,目前主体已经竣工,等待布展,布展成功后将大大提高本保护区的宣教能力;并与天津自然博物馆合作,实现保护区与天津自然博物馆的标本互展、互动,把保护区标本馆建成全国一流的科普教育基地。

5. 社区共管

通过进行社区需求调查,社区居民大多愿意直接参与保护区的资源管理工作。每年保护区的领导都要到周边乡镇进行慰问,同时签订联合管护协议。因近几年周边河北省开矿对保护区的环境和野生动物带来危害和影响,每年保护区的相关领导均都与周边矿区进行沟通,共同商议保护区保护大事,同时与周边乡镇和林场建立联防制度,加大毗邻保护区间的联合保护工作力度。

3.3.6　社会经济状况

本保护区实验区有一处村庄——下营镇太平沟村，村内目前共有 10 多户人家，常住人口 30 余人。村民的收入主要来自果林及农家院经营的收入。

第4章　天津市市级自然保护区

4.1　北大港湿地自然保护区

天津北大港湿地自然保护区位于天津市滨海新区的东南部，东临渤海，与天津古海岸与湿地国家级自然保护区核心区上古林贝壳堤相邻。其地理坐标为东经117° 11′ ~117° 37′，北纬38° 36~38° 57′。本保护区包括北大港水库、独流减河下游、钱圈水库、沙井子水库、李二湾及南侧用地、李二湾河口沿海滩涂。保护区总面积为348.87 km²，约占滨海新区陆域国土面积的15.4%。

4.1.1　自然地理环境概况

1. 地形地貌

滨海新区由海岸和退海岸成陆低平淤泥组成，因而形成了以河砾黏土为主的盐碱地貌。区内地势平缓，地形单一，以平原为主，地面较平坦，地势由西南向东北微微降低，平原坡度小于万分之一，最高处海拔5.08 m（黄海高程），最低处海拔2.78 m（黄海高程），平均海拔3.58 m（黄海高程）左右。东部有渤海湾滩涂，中部有大型的北大港水库，西部有钱圈水库，南部有沙井子水库。

2. 水文地质

滨海新区河流纵横交错，坑塘洼淀多，境内有独流减河、子牙新河、马厂减河、北排河、青静黄排水渠、沧浪渠、十米河、八米河等11条河流，它们主要担负输水、引水和汛期泄洪任务。

滨海新区地下水潜水较丰富，沿马厂减河一带的地下水埋深1.5~2 m，为弱矿化水和矿化水。近海地区地下水埋深1.0~1.5 m，因受海水侧渗影响，地下水矿化度较高，以强矿化水为主，板桥农场、上古林以东和大港油田一带为盐水和高浓度盐水。离海较远的地区，地下水以钠质硫酸盐氯化物型水为主。

滨海新区在地质上属于我国东部黄骅坳陷的一部分，境内地势低平，基底岩石埋藏较深，主要岩石有碳酸盐岩、碎屑岩、火山岩三大类。这些岩石都是贮存油气的储采岩。

3. 土壤

本保护区地势低洼平坦，多静水沉积，由于过去河流泛滥和长期引水，沉积了不同质地的土壤。地形较高的地方为轻壤土和沙壤土，而洼地处多为重壤土和中壤土。由于各河流连续和交替进行的冲积作用，土壤层次也较复杂，土层厚度一般为0.3~0.6 m。本保护区主要有盐化湿潮土和海积滨海盐土，潮土分布面积较大。

4.1.2 保护区的历史沿革

1999 年,大港古潟湖湿地自然保护区经天津市自然保护区评审委员会考察论证(由天津市环境保护局组织),经大港区政府批准建立区级自然保护区。2001 年,经专家论证,大港区政府申报,天津市政府批准该保护区升级为市级自然保护区,名称改为北大港湿地自然保护区,面积由 185.4 km^2 扩大为 442.4 km^2。2004 年、2008 年,保护区历经两次调整,将官港湖调出保护区,调入李二湾南侧用地,保护区面积调整为 348.87 km^2。

4.1.3 自然资源与主要保护对象

4.1.3.1 自然资源概况

1. *矿产资源*

大港油田坐落在本保护区附近,其中北大港水库库区及独流减河地区有着丰富的石油和天然气资源。本保护区沿滨海新区中塘镇万家码头村到港城生活区及板桥、官港形成地热带,良好的地热资源对居民冬季生活取暖和热带水产品的养殖起到了积极的作用。

2. *淡水资源*

本保护区所在地有 3 条一级河道、8 条二级河道及 30 多个洼淀,可蓄水容积为 6.06 亿 m^3;有大、中型水库 3 座,即大港水库、沙井子水库、钱圈水库,设计蓄水总量为 5.5 亿 m^3。这些河道、水库、洼淀蓄存的淡水资源对本区域的工农业生产和水产养殖起着重要作用。

3. *生物资源*

1)鸟类资源

北大港库区由于面积较大,受人类影响较少,加上食物丰富,一直是多种鸟类的良好栖息地,特别是在候鸟迁徙的季节,这里有十几种国家Ⅰ、Ⅱ级保护种类。近几年,由于附近的团泊洼水库(市级珍稀候鸟保护区)增大了蓄水量,致使部分鸟类的栖息场所受到了破坏,许多鸟类已迁移至北大港,近一二年都发现了在此地越冬的天鹅。常年在此栖息、繁殖的鸟类也很多,如黑嘴鸥等。因此,为鸟类保护好这片良好的栖息地显得尤为重要。

2)其他野生动物资源

本地区除鸟类外,还有两栖纲、爬行纲和哺乳纲的野生动物 20 多种。经初步野外调查,本地区共记录有两栖纲动物 5 种、爬行纲动物 8 种、哺乳纲动物 13 种。

本保护区鱼类有 6 目、11 科、19 种,最常见的有草鱼、鲢鱼、鲫鱼、梭鱼、鲈鱼、鲶鱼、鲤鱼、泥鳅等。

据初步调查,本保护区内昆虫有 6 目、80 余种。湿地的主要昆虫有七纹异箭蜓、棉蝗、日本负子蝽、中国虎甲、白薯天蛾等。

本保护区有浮游动物 13 种,主要有角突臂尾轮虫、壶状臂尾轮虫、三肢轮虫、针簇多肢轮虫等。

3)水生植物

本保护区的水生植被主要由以下几种群落构成。

(1)芦苇群落。它们沿水库周围生长,并迅速向水库中央推进。群落所在地土壤均为沼泽土，一般含盐量很低，已基本脱盐。另外在水库北侧的独流减河泄洪河道内、水库堤坡及水中的小台地上，还生有一些“旱生芦苇”，群落种类成分较多，结构复杂，通常呈苇草草甸状态。群落以芦苇为优势种，平均株高仅 80 cm，总盖度为 80%，植株虽然矮小，但生长周期正常；其主要特点是伴生的种类成分多，并以耐旱的种类占优势。几十年来，芦苇一直是天津市造纸业的主要原料来源，也是民用和农业生产的重要物资。从生态学角度，芦苇是有多种生态功能的植被类型，具有减少土壤水分蒸发、保持土壤水分、调节空气湿度、增加土壤有机质、改造滩涂的作用，同时其还是农业宜耕地的指示群落。

（2）香蒲群落与水葱群落。其生长环境与常年积水的芦苇群落相同。香蒲群落主要分布在水较深的环境，平均株高 1.5 m，盖度为 90%，以个体散布，植株不多，尚未形成生产规模，主要原因在于其被收割过度，缺乏保护。香蒲是一种经济价值较高的资源植物，可织席、入药。水葱主要分布在水库向湖心的内缘，呈同心圆带状分布，群落生长非常茂盛。

（3）狐尾藻 - 金鱼藻 - 黑藻群落。其分布在水域中较深的区域，以狐尾藻占优势，其次是金鱼藻，群落的生长繁殖很快，常常拥塞水体，成为水体底泥有机质的来源，同时也是加速水体填平作用的因素之一。植物体本身可作为饲料，也是水生动物的饵料及栖息生境。

4.1.3.2 保护对象与保护价值

1. 保护对象

北大港湿地自然保护区的主要保护对象是湿地生态系统及其生物多样性，包括鸟类和其他野生动物、珍稀濒危物种等。

北大港湿地是东亚 - 澳大利西亚鸟类迁徙路线上的一个驿站，属生物多样性最丰富的地区之一。每年都有大批鸟类经此地迁徙、繁衍。据不完全统计，在本地区共记录的鸟类达 249 种，分属 18 目、48 科。

2. 保护价值

1）湿地保护价值

滨海新区绝大部分是海积、湖积低平原，其在浅海环境中由于海积而逐渐形成后，随着海退又接受了潟湖的沉积，因此境内形成了许多星罗棋布的潟湖、碟形洼淀和港淀。滨海新区最大的洼淀是北大港，该洼淀系经由海湾→潟湖→半封闭潟湖→封闭潟湖→埋藏潟湖→陆地这个过程而逐渐形成的，属于湿地生态系统。

湿地是地球上生物多样性和生产力较高的生态系统，是人类最重要的环境资本之一。它被称为陆地的天然蓄水库，在蓄洪抗旱、调节气候、控制土壤侵蚀、促淤造陆、降解环境污染等方面起着极其重要的作用。湿地是生物多样性的摇篮，无数的动植物种依靠湿地提供的水和初级生产力而生存。湿地养育了高度集中的鸟类、哺乳类动物、爬行类动物、两栖类动物、鱼类和无脊椎物种。湿地还会产生巨大的经济效益。

2）生物多样性保护价值

建设北大港湿地自然保护区主要是由于北大港区域位于东亚 - 澳大利西亚鸟类迁徙路线上。本保护区是我国渤海湾地区生物多样性最丰富的地区之一，以保护北大港湿地生态景观、生物多样性和珍稀濒危鸟类的天然栖息地及物种为核心，具有极高的保护价值。保护区内鸟类的特点如下。

（1）水鸟种类多，数量大。北大港湿地位于渤海湾的西岸，处于亚洲东部鸟类迁徙路线之上，是亚洲东部候鸟南北迁徙的必经之地。独特的地理位置及丰富的湿地资源使其成为鸟类迁徙路线上的重要停歇地，每年春秋都有大批水鸟途经此地并在此停歇。一些种类还选择此地作为越冬地和繁殖地，如大白鹭、草鹭、黑翅长脚鹬、黑尾塍鹬、白翅浮鸥等在此繁殖，灰鹤、苍鹭、大麻鳽以及多种雁鸭类则在此地越冬。由于该地区分布着湖泊、滩涂、河流、芦苇、洼淀等多种湿地类型，湿地面积十分广阔，所以在此停留的水鸟不仅种类多，而且种群数量相当可观。银鸥、红嘴鸥、环颈鸻、白腰勺鹬、反嘴鹬、黑翅长脚鹬、红头潜鸭、白秋沙鸭、斑嘴鸭、绿头鸭、罗纹鸭、针尾鸭、豆雁、灰雁、大天鹅等种类在迁徙季节在此处多则可达上万只，少则数千只，它们集成大群停歇在水面上，场面十分壮观。在沿海滩涂，每年春季和秋季有大量涉禽迁徙通过，数量为几十万只。其中有 8 种涉禽的种群数量已达到世界上该种群的 1%，因此，根据《拉姆萨尔公约》的规定，上述特点表明本地区完全符合国际重要湿地的要求。

（2）珍稀濒危物种丰富。本地区属国家Ⅰ级保护鸟类的有 11 种，属国家Ⅱ级保护鸟类的有 38 种。根据调查统计，东方白鹳在全球仅存 3 000 只左右，而 1999 年春季在北大港水库一次便记录到 800 余只东方白鹳，说明北大港地区应是该物种的一个重要停歇地。此外，受到全世界保护的鹤类中有 5 种在北大港地区停歇，灰鹤还在北大港附近的农田越冬。因此，这一地区湿地环境的质量对这些濒危物种的生存是至关重要的。除此之外，还有一些未被列入国家保护野生动物的名单，但也受到国际保护的物种，如被列入《亚太地区具有特殊保护意义的迁徙水鸟名录》中的种类，包括紫背苇鳽、鸿雁、花脸鸭、青头潜鸭、白眼潜鸭、灰头麦鸡、小青脚鹬、半蹼鹬、黑嘴鸥等。

4.1.4 动植物概况

4.1.4.1 植物概况

天津北大港湿地自然保护区包含高等植物共有 174 种，占天津植物区系的 12.80%，其中野生植物有 153 种，人工种植植物有 21 种。

本保护区中湿地植物种类除少数种零散分布外，大多数种均群集在一起成片生长，群集度高，分布广，覆盖度大，形成单优势种群落或者共优群落。例如典型的湿地植物芦苇，它在湿地中生长繁育很快，群集度很高，分布广，产量高，覆盖度大。在大部分区域，芦苇可以组成以本身为优势种的植物群落，其覆盖度有时可高达 90%。芦苇也可以单独构成群落，形成单纯的芦苇群落，其覆盖度在该群落中达到 100%。芦苇的重要值约为 60.53，是区域内最高的，与其他种植物相比，差值很大，说明芦苇是北大港湿地中的绝对优势物种，在区域内具有极其重要的作用和地位。

狗尾草、碱蓬的重要值分别约为 7.20、6.65，分列第二、第三，也属于区域内的优势物种，但与芦苇相比，其地位和作用有所下降。此外，虎尾草、盐地碱蓬、獐毛、盐角草、猪毛蒿、黄花蒿、鹅绒藤、牵牛等植物也属于本区域内的优势物种，这些植物在湿地中的地位和作用与狗尾草、碱蓬相比有所下降，但下降得并不是很明显。这些优势种主要分布在沼泽地附近、堤岸边、河漫滩、路边等地。有些植物常以单种群集在一起，形成较大面积的分布，如盐地碱蓬、盐角草等植物；有些植物常组成以本身为优势种或次优势种的植物群落，如狗尾草、碱蓬、虎尾草、獐毛、猪毛蒿等植物；有些植物则很少单种群集，常形成较密的单株丛生，出现在常见的植物群落中，如黄花蒿、牵牛、鹅绒藤等植物。这些植物资源集中分布，为资源的开发利用提供了便利的条件。天津北大港湿地草本植物的辛普森多样性指数约为 0.40，香农指数约为 1.221，说明该湿地内植物种数较多，各种个体分配较均匀，群落物种多样性较丰富。

北大港湿地内的灌木有 4 种，分别是柽柳、紫穗槐、枸杞和酸枣，其中以柽柳为优势种，其重要值约为 43.28，与另外 3 种植物的重要值相比，差值较大。在灌木群落中，常伴生有芦苇、狗尾草、虎尾草、碱蓬、猪毛蒿等草本植物。

与灌木种类相比，北大港湿地内的乔木种类较多，其中以刺槐的重要值最高，约为 27.58，与其他物种的重要值相差不是很大。在乔木样方中，没有某物种单独成林的现象出现，多是以某种乔木为优势种，混生有其他种乔木以及灌木和草本植物，形成具有明显分层结构的群落。样方中常伴生有狗尾草、碱蓬等草本植物。

4.1.4.2 动物概况

1. 鸟类

北大港湿地是东亚－澳大利西亚鸟类迁徙路线上的一个驿站，属我国生物多样性最丰富的地区之一，每年都有大批水鸟经此地迁徙、繁衍。北大港湿地自然保护区共记录到鸟类 249 种，其中，国家Ⅰ级保护鸟类 11 种，分别为黑鹳、东方白鹳、中华秋沙鸭、白尾海雕、白肩雕、金雕、白鹤、白头鹤、丹顶鹤、大鸨、遗鸥；国家Ⅱ级保护鸟类 38 种，分别是赤颈䴙䴘、角䴙䴘、卷羽鹈鹕、黄嘴白鹭、白琵鹭、黑脸琵鹭、疣鼻天鹅、大天鹅、小天鹅、白额雁、鸳鸯、鹗、黑翅鸢、黑鸢、白腹鹞、白尾鹞、鹊鹞、雀鹰、普通鵟、大鵟、毛脚鵟、乌雕、红隼、红脚隼、灰背隼、燕隼、游隼、白枕鹤、灰鹤、红角鸮、纵纹腹小鸮、长耳鸮、短耳鸮、东方角鸮、彩鹮、凤头蜂鹰、日本松雀鹰、小杓鹬。

在 IUCN（国际自然及自然资源保护联盟）的濒危物种红色名录中，本保护区鸟类中的全球极危物种（CR）有 2 种，为青头潜鸭、白鹤；全球濒危物种（EN）有 5 种，为东方白鹳、黑脸琵鹭、中华秋沙鸭、丹顶鹤、黄胸鹀；全球易危物种（VU）有 14 种，为卷羽鹈鹕、黄嘴白鹭、鸿雁、小白额雁、长尾鸭、乌雕、白肩雕、白枕鹤、白头鹤、大鸨、大杓鹬、大滨鹬、黑嘴鸥、遗鸥；全球近危物种（NT）有 9 种，为罗纹鸭、白眼潜鸭、日本鹌鹑、半蹼鹬、黑尾塍鹬、白腰杓鹬、震旦鸦雀、红颈苇鹀、小红鹳。

在本保护区鸟类组成中，雀形目鸟类有 70 种，占保护区总种数的 28.12%，雀形目鸟多是本保护区的一大特点。其次是鸻形目和雁形目，分别有鸟类 62 种和 36 种，占保护区总种数的 24.90% 和 14.46%。本保护区鸟类组成分析见表 4-1。

表 4-1　本保护区鸟类组成分析

目	科数	所占比例 /%	种数	所占比例 /%
鸊鷉目	1	2.08	5	2.01
鹈形目	2	4.18	2	0.80
鹳形目	3	6.25	18	7.23
雁形目	1	2.08	36	14.46
隼形目	3	6.25	21	8.43
鸡形目	1	2.08	2	0.80
鹤形目	3	6.25	13	5.22
鸻形目	8	16.68	62	24.90
鸽形目	1	2.08	3	1.20
鹃形目	1	2.08	2	0.80
鸮形目	1	2.08	5	2.01
夜鹰目	1	2.08	1	0.40
雨燕目	1	2.08	1	0.40
佛法僧目	1	2.08	2	0.80
戴胜目	1	2.08	1	0.40
鴷形目	1	2.08	4	1.61
雀形目	17	35.43	70	28.12
火烈鸟目	1	2.08	1	0.40
合计	48	100	249	100

2. 鱼类

根据 2017 年的调查，本保护区的鱼类有 19 种，分属于 6 目、11 科，包括鲤形目的鲤科（9 种）、鳅科（1 种）；鲶形目的鲶科（1 种）；鲈形目的鮨科（1 种）、鳢科（1 种）、虾虎鱼科（1 种）、真鲈科（1 种）、玉筋鱼科（1 种）；鲻形目的鲟科（1 种）；鲉形目的鲬科（1 种）；鲽形目的鲆科（1 种），具体见表 4-2。与历史资料相比，目前北大港湿地自然保护区内定居性、杂食性鱼类比例升高，洄游性、肉食性鱼类比例下降。

从本保护区渔获物出现的频数来看，最高的是餐条，其次是鲫鱼，再次是鲌鱼、泥鳅等。从食性分析看它们主要归属草食性、肉食性、杂食性三大类，其中以杂食性鱼类为主，其代表种类主要有鲫鱼、餐条、泥鳅等。鲫鱼属于杂食性鱼类，水蚯蚓、摇蚊幼虫、藻类、小软体动物均是它们的食物。餐条为中上层鱼类，栖于河流、湖泊沿岸水体上层，是极常见的小型鱼类，杂食性，从春至秋常集群于沿岸浅水区游动觅食。泥鳅为杂食性鱼类，多在晚上出来捕食浮游生物、水生昆虫、甲壳动物、水生高等植物碎屑以及藻类等，有时亦摄取水底腐殖质或泥渣。通过个体生态矩阵分析，北大港湿地自然保护区鱼类群落中肉食性、喜砂砾底质的小型底层鱼类受环境变化影响程度较大；喜泥质底质的缓流定居杂食性鱼类多为现阶段优势种群。

表 4-2　保护区内鱼类名录（北大港湿地自然保护区的）

<table>
<tr><th>目</th><th>科</th><th>种</th><th>目</th><th>科</th><th>种</th></tr>
<tr><td rowspan="9">鲤形目</td><td rowspan="8">鲤科</td><td rowspan="8">鲤
鲢、鳙
鲫
草鱼
餐条、鲌鱼
麦穗鱼
中华鳑</td><td>鲶形目</td><td>鲶科</td><td>鲶鱼</td></tr>
<tr><td rowspan="5">鲈形目</td><td>鮨科</td><td>鲈鱼</td></tr>
<tr><td>鳢科</td><td>乌鳢</td></tr>
<tr><td>虾虎鱼科</td><td>弹涂鱼</td></tr>
<tr><td>愚鲈科</td><td>花鲈</td></tr>
<tr><td>玉筋鱼科</td><td>玉筋鱼</td></tr>
<tr><td>鲻形目</td><td>鲟科</td><td>梭鱼</td></tr>
<tr><td>鲉形目</td><td>鲬科</td><td>鲬鱼</td></tr>
<tr><td>鳅科</td><td>泥鳅</td><td>鲽形目</td><td>鲆科</td><td>大菱鲆</td></tr>
</table>

4.1.5　保护区的管理现状

1. 现状土地覆盖

根据《全国生态环境十年变化（2000—2010 年）遥感调查与评估项目技术指南》中的土地覆盖分类体系，本保护区内共涉及森林、草地、湿地、农田、城镇、裸地、海岸滩涂等生态系统类型Ⅰ级类，其下又可分为阔叶林、稀疏林、草地、湖泊、河流、耕地、园地、居住地、城市绿地、工矿交通、裸地、海岸滩涂等 11 种生态系统类型Ⅱ级类，各类面积及比例见表 4-3。统计结果显示，本保护区主要生态系统类型为草地生态系统和湿地生态系统，分别占保护区总面积的 43.6% 和 41.2%，两者总面积占 84.8%。其中草地生态系统主要为芦苇沼泽湿地类型，湿地湖泊类型为水库和河流湿地。

表 4-3　本保护区土地覆盖现状

序号	编码	Ⅰ级分类	面积 / 万 m²	比例 /%	编码	Ⅱ级分类	面积 / 万 m²	比例 /%
1	1	森林	296	0.9	11	阔叶林	168	0.5
2					14	稀疏林	128	0.4
3	3	草地	15 210	43.6	31	草地	15 210	43.6
4	4	湿地	14 382	41.2	42	湖泊	11 982	34.3
5					43	河流	2 400	6.9
6	5	农田	1 065	3	51	耕地	980	2.8
7					52	园地	85	0.2
8	6	城镇	947	2.7	61	居住地	30	0.1
9					62	城市绿地	108	0.3
10					63	工矿交通	805	2.3
11	9	裸地	1 303	3.7	91	裸地	1 303	3.7

续表

序号	编码	Ⅰ级分类	面积 / 万 m²	比例 /%	编码	Ⅱ级分类	面积 / 万 m²	比例 /%
	其他	海岸滩涂	1 284	3.7	其他	海岸滩涂	1 284	3.7
合计			34 487	100			34 887	100

2. 机构人员和设置

2015 年，为加强北大港湿地自然保护区的管理，滨海新区整合了 4 个相关部门，成立了天津市北大港湿地自然保护区管理中心，隶属区农委领导，规格为副处级，为全额拨款事业单位。湿地管理中心编制 40 人，在编人员 20 人，其中，研究生 1 人，具大学学历的 16 人，专科及以下学历人员 3 人。下辖二级单位滨海新区大港渔苇所，编制 36 人，在编人员 32 人，其中，研究生 1 人，具大学学历的 15 人，专科及以下学历的人员 16 人。

由于保护机构成立时间不长，面临管理人员较少、技术人才短缺等问题。保护区日常管理和科研技术能力不足，现代化管理、科学研究和数字化、信息化智能管理能力亟待完善。

3. 管理设施

本保护区按照属地管理原则，已建立 6 个管理站点。其中，北大港水库建有水库管理所，已设立东西两个卡口；独流减河下游有渔苇管理所管理站点，已设立南北两个卡口；沙井子水库、李二湾分别建有管理站；钱圈水库有钱圈水库管理所，区域道路已安装车辆禁入设施。北大港水库有 7 个渔业合作社管理用房，中石化天津分公司大乙烯建设项目在水库南北堤建成观鸟屋 2 个。区环境局实施的独流减河郊野公园工程在下游南堤已完成部分绿化美化，建设了部分郊野公园设施。保护区周边有污水处理厂 2 个，生活垃圾填埋场、垃圾焚烧厂 1 座。独流减河下游南部水循环工程已建成 49 个闸涵、溢流埝等引调水利设施，建成观鸟屋 6 个、监测塔 4 个、木栈道 3 200 m。

4. 科研监测

本保护区实施了天津市北大港湿地保护与恢复建设一期、二期、三期工程，滨海新区湿地与野生动物保护工程等一批保护性项目。各项目恢复湿地面积 72 万m²，生态补水达 1 600 万m³，建成人工鸟巢 10 个，建设水鸟栖息岛 20 多个，开展东方白鹳人工辅助筑巢；采购全自动割草船及运输船各 1 艘；建立了保护区生态环境垃圾清运机制；治理外来入侵植物——互花米草 46.69 万m²，目前正启动第二批互花米草治理工作。

本保护区推进湿地与野生动物保护数字化、信息化建设，开发基于遥感、卫星定位、空间地理信息数据等的 3S 野生动物保护信息管理系统；着手建立信息指挥中心；在独流减河建成监控设施 13 处，实现 24 小时实时监控。

本保护区建立了国家林业局湿地履约办公室、新区政府、美国保尔森基金会背景三方合作机制，三方签订了《天津北大港湿地保护合作框架协议》，并进行了首轮项目对接，启动了一批湿地与野生动物保护监测项目；加强与阿拉善 SEE（Society，Entrepreneur，Ecology）生态协会合作，启动“华北任鸟飞”项目，共同推动湿地和迁徙鸟类保护。保护区工作人员先后赴福建闽江河口、上海崇明东滩、云南普达措、青海三江源等地，学习相关保护区的管理经验和做法，提升了北大港湿地自然保护区的保护、建设及管理水平。

5. 宣传教育

本保护区制定了进入保护区活动准入流程，强化执法监管，严格执行天津市陆生野生动物禁猎区、禁猎期的通告，有效保护了野生动物资源；组建了 4 支专职巡护队伍，联合公安、市场监管等部门开展专项治理行动 6 次，制止侵占湿地行为 1 起，处理违法行为 3 起；制定《滨海新区野生动物保护方案》，开展清网行动，深入打击乱捕滥猎野生动物，累计救护、放飞鸟类 400 多只，有力地保护了湿地的生态安全和物种多样性；充分利用“爱鸟周”“野生动物宣传月”等活动载体，营造关爱湿地、爱鸟护鸟的良好氛围；制作警示牌、宣传牌 70 块，宣传标语 50 条，发放各类宣传材料 8 万余份，有效提高了公众保护野生动物和生态环境的意识；出版了《天津任鸟飞》画册，该画册收录了北大港湿地具有代表性的鸟类 130 种，共 273 幅图片，绿色品牌名片效应正逐步彰显；在 51 个社区、村，安置公益宣传栏 153 块；成功举办 2016、2017 两届中国天津滨海国际观鸟文化节。

央视“2016 候鸟迁徙特别报道”摄制组走进北大港湿地，以实时直播形式报道了大天鹅的迁徙动态，展现了北大港湿地候鸟聚集的盛况及良好的生态环境。保护区人员协助主办方开展了“滨海新区绿色发展主体论坛”，开展“放飞希望”野鸟救助放飞公益行动，实施爱鸟护鸟走进校园、走进社区公益行动，增强群众参与资源保护的意识，形成了良好的舆论环境和社会监督氛围，大力助推美丽天津、生态滨海建设，展示了天津和滨海新区生态和谐、宜居宜业的对外形象。

6. 土地权属

北大港湿地自然保护区大部分为国有土地，包括北大港水库、钱圈水库、独流减河下游、沿海滩涂。集体土地包括沙井子水库，其属港西街管辖；经调查，李二湾属太平镇管辖。李二湾南侧区域土地的性质有国有土地、集体土地及河北省飞地，其中，属国有土地使用权的有大华养殖场，沧浪渠、捷地减河属国有河道；属集体土地所有权的有联盟村、马棚口一村、刘庄、马棚口二村。

4.1.6 社会经济状况

本保护区以库湖、河流、滩涂等湿地类型为主，主要由独流减河宽河槽、北大港水库、李二湾、钱圈水库、沙井子水库和沿海滩涂组成，保护区内不涉及常住居民，仅有较少数生产企业。

北大港水库周边有小王庄镇、中塘镇、太平镇、港西街、大港油田等，但均距水库有一定距离，原来水库附近的村庄已在 1953 年修围堤时迁出。北大港水库作为天津引黄济津的重要水源地，为城市工农业生产和居民生活用水提供了重要保证。库区内种植芦苇等水生生物，面积达 80 km^2，年产芦苇 2 万t 以上。库区鱼类种类繁多，主要有鲫、鲤、鳊、草鱼、乌鲤和赤眼鳟等 10 余种，产量最多的是鲫鱼，另外，还有自然生长的泥鳅、鳝鱼、虾等水生生物。

钱圈水库具有较为典型的湿地生态系统特征，水库中生长的芦苇属“铁杆”芦苇，长势良好，每年收割的芦苇主要向日本出口，用于制造苇帘，年创产值近百万元。利用水库现有水面，居民放养了一些经济鱼类和虾类，它们自然生长，不用投放饵料。

李二湾主要为养殖坑塘，以海水养殖为主，养殖虾类居多。其原功能主要是防洪、排沥、输沙和防潮、蓄水灌溉，自 1967 年建成后，它在泄洪、防潮、蓄水方面发挥了一定作用，促进了滨海新区农业和水产养殖的发展。独流减河下游区域主要以水产养殖和芦苇生产为主。沿海滩涂现由养殖公司经营。

4.2　团泊鸟类自然保护区

天津市团泊鸟类自然保护区位于天津市区东南部、静海区东部，这里发育了堆积型冲积地貌，形成了广袤的平原，同时保护区具有水热条件良好的特点，孕育了丰富的湿地资源和多样的生态环境，是东亚候鸟南北迁徙路线上一个停歇地和中转站。本保护区大部分位于静海区行政范围内。本保护区的主要组成部分为团泊洼水库和一级河道——独流减河。团泊水库建于 1978 年，是一座大型平原水库，总面积为 60 km^2，总长 33.56 km。保护区的主要保护对象为鸟类，保护区总面积为 62.7 km^2，其中核心区面积为 10.67 km^2，缓冲区面积为 5.5 km^2，实验区面积为 46.53 km^2。

4.2.1　自然地理环境概况

1. 地质环境

本保护区位于历史上的团泊洼地区。团泊洼地区深部的地质构造基础是介于沧东断裂与大城断裂之间、东北—西南向延伸的沧县隆起。上部是新生代第三纪和第四纪的松散沉积层。第四纪时期，由于世界性的气候冷暖变化，海面上升，这里曾发生多次海侵和海退。现在的团泊洼地区是距今 4 000 年前海退成陆以后由河流泥沙冲积而成。因成陆较晚，地势低平，绝大部分地区地面海拔都在 3 m 左右，其中水库最低点海拔只有 2.4 m，低于渤海的高潮潮位，地面坡度很小，仅为 1/20 000。由于地势低洼，排水不畅，又位于海河流域下游，所以在海河治理以前，这里旱、涝、盐、碱、淤等自然灾害连年不断。

2. 土壤

本保护区所在的静海区土壤均属潮土类型，分布呈现出由古河两侧向大洼中心土壤变湿、质地加重的规律。大部分土地可耕性好，其中农耕地有 700 km^2，占总面积的 62.89%，人均占有耕地 2.6 亩（约 1 734 m^2），是全国人均占有耕地的 2 倍多。由于静海土地在成陆过程中经历过数次海进海退，后来河流纵横、分割封闭、排水不畅的地理环境在历史上形成低洼盐碱地区，近年来，当地采取了多种治理措施，但盐渍土仍占农耕地的 27.22%。

3. 水文

静海区的地表水资源主要来自大气降水，全区年平均降水 566.7 mm，最大年降水量为 13.38 亿 m^3，降雨深 938.8 mm；最小年降水量为 3.62 亿 m^3，降水深 254.1 mm。降水多发生在夏季，其余三季以风为主，降水少，一年中多数时间呈干燥状态。静海区地处海河流域下游，河流渠道众多，素有“九河下梢”之称。流经本境的河道主要有南运河、子牙河、大清河、独流减河和马厂减河。此外二级河道有黑龙港河和青静黄排干渠。这些河流干渠纵横交错,遍布全区,为农田的排灌提供了极大的方便。

静海区地下水资源比较丰富,埋藏较浅,储量约在 2.6 亿 m^3 以上,主要分布在境内南运河两侧及东淀、莲花淀等地带。此外,静海区还拥有丰富的地热资源,主要分布于静海区的东南地区。据探测地热资源总储量为 80 亿 m^3,水温高达 82 ℃,水中含有铜、钼、铁、钴、钙、硅等 24 种对人体有益的矿物质,开发利用价值很大。

4.2.2 保护区的历史沿革

1985 年,团泊鸟类自然保护区(区县级)建立,其范围以团泊水库为主。1995 年经天津市政府批准,团泊鸟类自然保护区升级为市级自然保护区,其范围东起七排干渠,西至六排干渠,北起独流减河,南至青年渠,总面积为 60 km^2,其中水面积达 51 km^2。

2005 年,天津市对团泊鸟类自然保护区的范围和功能区进行了调整,将原保护区范围内 8 km^2 的实验区用地调出,同时,在团泊水库西北侧划出 8 km^2 用地作为新增实验区用地,保护区的总面积不变。2008 年,团泊鸟类自然保护区进行了再次调整(津环保生〔2008〕40 号),团泊水库西北部 9 km^2 的区域调出保护区;将津汕高速公路跨独流减河大桥与西琉城大桥之间的独流减河河流湿地调入保护区,调整后其总面积为 62.7 km^2,其中核心区面积为 10.67 km^2,缓冲区面积为 5.5 km^2,实验区面积为 46.53 km^2。

4.2.3 主要保护对象与保护价值

一、主要保护对象

团泊鸟类自然保护区属于野生生物、野生动物类型自然保护区,以鸟类、湿地及其生境所形成的自然生态系统作为主要保护对象。

二、保护价值

团泊鸟类自然保护区地理位置独特,湿地资源丰富,是东亚—澳大利西亚候鸟迁飞路线上的重要停歇地及繁殖栖息地,更是天津重要的湿地生态功能区,对天津市的水源保护、生物多样性保护和水文调蓄起着重要作用。

1. 具有重要的生物多样性保护价值

本保护区地处候鸟迁徙的必经之地和密集交会区,独特的地理位置及丰富的湿地资源使其成为鸟类迁徙路线上的重要停歇地,每年春、秋两季,成千上万的候鸟在此路过停歇,其中许多种类是中日两国《保护候鸟及其栖息环境协定》中明令保护的。一些种类还选择在此地越冬和繁殖。曾有记录显示,受全世界保护的 5 种鹤类之一的灰鹤在团泊洼水库越冬。

2. 具有重要的科学研究价值

保护区内的自然的原始状态可作为研究生态变化的参照和基准,以便更加准确地评价生态系统在天然和人工条件下的不同演替方向。丰富的物种资源为遗传多样性和物种多样性的研究提供了重要的物质条件,同时也吸引了国内外先进的科学、技术和信息,促进国内和国际学术交流,加快自然保护事业的发展。

3. 可有效促进社区的可持续发展

保护区生物资源、生态旅游资源丰富，自 1995 年建立自然保护区以来，这些资源都得到了有效而合理的利用。随着我国林业可持续发展战略的提出以及保护区居民对物质生活要求的提高，对保护区自然资源的保护和利用水平的要求也随之提高，对保护区生态系统乃至整个自然资源的有效保护和合理应用必将促进社区的可持续发展。

4.2.4　动植物概况

4.2.4.1　植物概况

团泊湿地的大部分生境均为淡水湿地，包括水库、芦苇沼泽、河道滩地及鱼塘等可供鸟类特别是水鸟生存和栖息的环境。本保护区内天然植被以芦苇为主体，其次是香蒲和荆三棱等挺水植物群落。水下沉水植物以狐尾藻和眼子菜属为主。本保护区有植物 31 科、120 多种，基本属于广布、常见物种，尚未发现濒危珍稀植物种类。

本保护区成立初期，水生植被主要有沼泽芦苇群落、水葱群落、扁秆藨草群落、水稗子群落、芦苇—香蒲群落、狐尾藻—苦草—马来眼子草群落、狐尾藻群落、茨藻群落、角果藻群落、狐尾藻—金鱼藻—黑藻群落；陆生植被群落主要为盐地碱蓬群落、芦苇 - 盐地碱蓬群落。2008 年保护区调整后，水库进行了疏浚，团泊水库中 90% 以上的沼泽湿地群落消失。

4.2.4.2　动物概况

1. 鸟类

本保护区所处的团泊湿地位于渤海湾的西岸，处于亚洲东部鸟类迁徙路线上，是亚洲东部候鸟南北迁徙的必经之地。该地区独特的地理位置及丰富的湿地资源使其成为鸟类迁徙路线上的重要停歇地，每年春秋都有大批水鸟途经此地并在此停歇，一些种类还选择此地作为越冬地和繁殖地。

本保护区建立初期共记录鸟类 50 科、164 种，其中世界及国家级重点保护鸟类有 17 种。此后又有若干新的分布记录，如张正旺等 1998 年曾在《中国湿地研究与保护》一书中记载栖息于团泊湿地的鸟类有 16 目、38 科、181 种。张淑萍等（2002）依据 1997—2000 年的调查记载团泊湿地水鸟共计 9 科、39 种。根据文献和近年来天津自然博物馆王凤琴研究员的调查记录和保护区调整工作组的现场勘查，工作人员提出了一个较新的分布记录，这个记录共包含鸟类 16 目、166 种，其中所列的大部分鸟类属于天津市 2008 年发布实施的重点保护野生动物名录中的种类，其中包含国家Ⅰ、Ⅱ级重点保护鸟类 26 种。

从鸟类的区系组成上看，本保护区在种类数上以非雀形目鸟类占多数，这同全国雀形目鸟类高于非雀形目鸟类种数的组成情况并不相同。团泊湿地雀形目鸟类计 47 种。这种现象显然与保护区的地理和生活环境相关，与天津市整体鸟类组成一致。由于保护区属于湿地类型，以大型水库和纵横交错的沟渠为主，同时保护区内天然植被以芦苇等挺水植物群落为主，缺乏大面积的森林植被，故所记录的鸟类中包含较多的湿地水鸟。

2. 鱼类

团泊水库的前身是一片盐碱洼地，1978 年建成团泊水库，建成后当年开始蓄水，是我国北方一座中型平原水库，面积达 46.69 km²，水深 1.8 m 左右，适合北方多种经济鱼类繁衍生息。水源来自大清河、南运河等水系以及引黄入津的余水。依据历史资料记载，自 2003 年水库蓄水以来，库内鱼类共有 19 种，隶属 5 目、9 科。其中鲤形目有 12 种，占保护区鱼类总种数的 63.16%，其他 4 目共有 7 种，占 36.84%。此外库区内还有部分放养的中华绒螯蟹（河蟹）。本保护区的鱼类名录见表 4-4。

表 4-4　本保护区鱼类名录

<table>
<tr><th>目</th><th>科</th><th>种</th><th>目</th><th>科</th><th>种</th></tr>
<tr><td rowspan="7">鲤形目</td><td rowspan="6">鲤科</td><td rowspan="6">草鱼、餐条、红鳍鲌、翘嘴红鲌、中华鳑鲏、麦穗鱼、棒花鱼、鲤、鲫、鳙、鲢</td><td rowspan="2">鲇形目</td><td>鲇科</td><td>鲇</td></tr>
<tr><td>鲿科</td><td>黄颡鱼</td></tr>
<tr><td>鳉形目</td><td>青鳉科</td><td>青鳉</td></tr>
<tr><td>合鳃目</td><td>合鳃科</td><td>黄鳝</td></tr>
<tr><td rowspan="3">鲈形目</td><td>塘鳢科</td><td>黄黝</td></tr>
<tr><td>斗鱼科</td><td>圆尾斗鱼</td></tr>
<tr><td>鳅科</td><td>泥鳅</td><td>鳢科</td><td>乌鳢</td></tr>
</table>

3. 两栖、爬行类

在本保护区中，两栖和爬行动物包含多数水生和半水生动物种类，同时在生态系统中是营养层次较高的次级消费者，因此是湿地动物区系中的重要类群。

根据科考资料记载，本保护区共记录两栖类和爬行类动物各 4 种。两栖类有黑斑侧褶蛙、金线侧褶蛙、中华蟾蜍和花背蟾蜍；爬行类有鳖、红脖游蛇、红点锦蛇和枕纹锦蛇。

4.2.5　保护区的管理现状

1. 现状土地覆盖

根据《全国生态环境十年变化（2000—2010 年）遥感调查与评估项目技术指南》中的土地覆盖分类体系，本保护区共涉及森林、草地、湿地、农田、城镇及裸地等生态系统类型Ⅰ级类，其下又可分为阔叶林、针阔混交林、稀疏林、草地、湖泊坑塘、耕地、园地、城市绿地、工矿交通、裸地等 10 种生态系统类型Ⅱ级类，各类面积及比例见表 4-5。统计结果显示，保护区主要生态系统类型为湿地生态系统和草地生态系统，分别占保护区总面积的 78.64% 和 11.1%，两者总面积占比达到 89.74%。其中草地生态系统主要是位于独流减河中间河滩地的芦苇沼泽。

表 4-5　本保护区土地覆盖现状

序号	编码	Ⅰ级分类	面积 / 万 m²	比例 /%	编码	Ⅱ级分类	面积 / 万 m²	比例 /%
1	1	森林	399	6.36	11	阔叶林	57	0.91
2					13	针阔混交林	1	0.02

续表

序号	编码	Ⅰ级分类	面积/万 m^2	比例/%	编码	Ⅱ级分类	面积/万 m^2	比例/%
3					14	稀疏林	341	5.44
4	3	草地	696	11.1	31	草地	696	11.10
5	4	湿地	4 931	78.64	42	湖泊坑塘	4 931	78.64
6	5	农田	51	0.81	51	耕地	14	0.22
7					52	园地	37	0.59
8	6	城镇	82	1.31	62	城市绿地	35	0.56
9					63	工矿交通	47	0.75
10	9	裸地	111	1.78	91	裸地	111	1.77
合计			6 270	100			6 270	

2. 管理机构

天津团泊鸟类自然保护区于 1995 年 6 月 22 日经天津市人民政府批准建立，2018 年保护区管理机构调整为天津市团泊鸟类自然保护区管理委员会，级别为正处级，主管部门为静海区人民政府。

3. 土地权属

本保护区主要由团泊水库和独流减河组成，它们均属于国有土地，其中独流减河部分属天津市水务局管辖，团泊水库部分由静海区水务局管辖。

4.2.6　社会经济概况

本保护区分为团泊水库和独流减河两部分，均在河道和水库管理范围之内，保护区范围内无居民，无企业。

保护区所在的静海区辖区内分布 18 个乡镇，分别为良王乡、杨成庄乡、静海镇、独流镇、唐官屯镇、王口镇、中旺镇、陈官屯镇、台头镇、子牙镇、大邱庄镇、蔡公庄、梁头镇、团泊镇、双塘镇、大丰堆镇、沿庄镇、西翟庄镇，下辖 41 个居委会、383 个行政村，总面积为 1 475.68 km^2。

随着保护区周边地区的开发建设，如天津市健康产业园区（保护区西北，距核心区 1 000 m）、水库东团泊新城房地产开发（水库东，与保护区相接）产生的人流和交通量的增加势必影响保护区鸟类的活动，同时，由于周边活动产生的水和大气污染也会影响到保护区水体的水质。周边 2~3 km 范围内的工业区主要分布在团泊水库的南堤和东堤，主要以金属冶炼及压延加工业为主。

4.3　大黄堡湿地自然保护区

大黄堡湿地自然保护区位于天津市武清区东部，北起崔黄口镇南曹家岗路，南至上马台镇王三庄村，东到大黄堡乡与宝坻区接壤，西至津围公路，与曹子里乡相邻，范围包括大黄堡镇大部分、崔黄口镇南部地区和上马台镇北部地区。本保护区地理范围在东经 117° 10′ 33″ ~ 117° 19′ 58″ 、北纬 39° 21′ 4″ ~39° 30′ 27″，总面积为 104.65 km²，其中核心区面积为 40.15 km²，缓冲区面积为 30.32 km²，实验区面积为 34.18 km²。

4.3.1 自然地理概况

1. 地质概况

本保护区位于华北沉降带的冀中坳陷北部，是中生代以来长期持续沉降的地区，河西务—梅厂—汉沟断裂带和宝坻—王草庄—赵聪庄断裂带等两条地质构造穿过本保护区。本保护区地质结构复杂，区域差异显著，南部基岩顶板埋深为 1 400~1 600 m，北部基岩顶板埋深在 2 000 m 以上。

2. 地貌的形成及特征

本保护区的地貌类型为冲积平原和海积冲积平原。冲积平原主要由永定河古河道淤积而成，分布于保护区西部，海拔 4~10 m，由西北向东南微倾，地势平坦，坡降小于 1/5 000。海积平原区分布于保护区东部，是保护区的地貌类型主体，海拔低于 5 m，地势低平，由近代海侵层和河流冲积而成，海相层分布广，自西向东逐渐增厚。

3. 水文

本保护区主要地表水体包括龙凤新河、柳河干渠、黄沙河排水干渠、东粮窝引河、上马台水库及较大面积的芦苇湿地、鱼塘洼淀，其中龙凤新河（北京排污河）为国家一级河道，柳河、黄沙河、东粮窝引河为国家二级河道，区域内所有河流均由闸坝控制，河道来水量由人工调节，引水量主要受上游来水和保护区用水的影响。根据武清区年径流量以及大黄堡地区河流水系现状进行估算，本保护区的年均地表径流在 4 000 万 m³ 左右。

4. 土壤特征

本保护区的土壤类型为草甸沼泽土，按质地分为砂土、砂壤土、轻壤土、中壤土、重壤土、黏土等 6 类。土壤耕层厚度为 5~6 cm，容重一般为 1.25~1.49 g/cm³。砂性土容重一般为 1.35 g/cm³，壤质土容重为 1.44 g/cm³，黏土容重为 1.3 g/cm³。耕层以下土壤的容重升高。

耕层总孔隙度一般在 46%~54% 之间，不同质地的土壤有一定差别。

4.3.2 保护区的历史沿革

为保护环境良好的大黄堡地区的湿地生态系统，2004 年 9 月，天津市武清区政府批准建立了大黄堡湿地自然保护区（区级保护区），面积为 112 km²。

2005 年 3 月，南开大学、北京师范大学、天津自然博物馆、天津市林业局的 7 名专家及相关工作人员组成科考组，对大黄堡湿地自然保护区进行了全面、系统的科学考察，并积极申报市级、国家级湿地自然保护区。同年 10 月，大黄堡湿地自然保护区升级为市级自然保护区。

2013 年 12 月 3 日，天津大黄堡湿地自然保护区范围及功能区调整经天津市政府批复（津政函〔2013〕129 号），保护区调整后总面积为 104.65 km²。

4.3.3　主要保护对象

天津大黄堡湿地自然保护区是以保护水生和陆栖野生生物及其生境共同形成的湿地生态系统为宗旨,集资源保护、科学研究和生态旅游于一体的自然保护区。其具体保护对象如下。

1. 东亚地区候鸟迁飞路线上的重要停歇地和中转站

大黄堡湿地自然保护区是候鸟南北迁徙的必经之地,也是候鸟东亚—澳大利西亚迁徙路线的重要组成部分。每年春季的 2 月下旬至 4 月上旬,以及秋季的 10 月上旬至 12 月中旬,大批的候鸟在此停歇,补充食物和能量,以完成长距离的迁徙。因此,该区域是鸟类顺利完成长距离迁徙不可缺少的中转站和停歇地。

2. 典型的芦苇沼泽天然湿地生态系统

本保护区内常年存蓄大量雨洪水资源,水位为 1~2 m,很适宜水生植物的生长繁衍,形成了以芦苇等水生和沼生植被为主的典型沼泽湿地生态系统,为水鸟的栖息繁殖提供了充足的空间。大黄堡湿地自然保护区的湿地资源从分类角度分析,现状芦苇沼泽湿地面积达 2 152 万 m^2,人工湿地的面积为 5 535 万 m^2。

3. 以黑鹳、丹顶鹤、白鹤等为代表的珍稀水鸟及丰富的生物多样性

本保护区湿地面积大,水鸟资源丰富。保护区共有水鸟 92 种,占《中国湿地保护行动计划》所列水鸟总数的 37%。其中有东方白鹳、丹顶鹤、大鸨、金雕等 4 种国家Ⅰ级保护鸟类及灰鹤、白枕鹤等 34 种国家Ⅱ级保护珍稀水鸟。

4. 维持区域经济可持续发展的水源地

大黄堡湿地自然保护区位于京津水源区,是维持区域经济可持续发展的重要水源地,为当地的工农业生产和生活提供了水源,并且对于发挥湿地生态系统的涵养水源、补给地下水、保持水土、调节气候、蓄洪防旱的生态功能,保证当地人民的饮用水质量和水资源战略安全具有十分重要的意义。

4.3.4　动植物概况

4.3.4.1　植物概况

本保护区科学记录到的植物物种有 63 科、156 属、237 种。其中苔藓植物 2 科、2 属、2 种;蕨类植物 3 科、3 属、3 种;裸子植物 3 科、3 属、3 种;双子叶植物 43 科、113 属、177 种;单子叶植物 12 科、35 属、53 种。禾本科、菊科、豆科的种类最多,其次是莎草科、伞形科、十字花科等,区域内的草本植物远多于木本植物。

大黄堡地区是天津市重要的市蓄滞洪区,发育着茂盛的芦苇沼泽植被,主要分布在大黄堡自然保护区的核心区,面积达 21.52 km^2。保护区的缓冲区与实验区基本以农田和鱼塘为主。种植作物大多数为两年三熟,小部分为一年一熟,主要以小麦、玉米、棉花为主。除此之外,在农田、鱼塘周围以及房前屋后、田间地角都种植有行道树和果树。行道树以杨、柳、刺槐、臭椿、白蜡树等为主。农田、鱼塘间地带生长有杂草草甸。

根据植被调查及植物群落学分类原则,大黄堡湿地自然保护区可划分为沼泽植被、水生植被、草甸植被、盐生植被、栽培植被(人工植被)等 5 种植被类型。

沼泽植被以芦苇植物群落和芦苇香蒲群落为标志，芦苇植物群落主要分布在大黄堡自然保护区的核心区，远远望去一片葱绿，以芦苇为上层优势种，常见香蒲、水葱、扁杆藨草伴生，并在水中偶见角果藻、茨藻及狐尾藻等沉水植物，群落结构简单，种类成分单纯。一般群落高度为 1.5 m，覆盖度达 90%~95%，个体数量极多。芦苇—香蒲群落中芦苇、香蒲同占优势，常分布于芦苇群落和香蒲群落之间的过渡地段，群落生长状况良好，两种植物高度均可达 2 m，总覆盖度达 90% 以上，植物量较高，密度可达 2.5 kg/m^2 以上。

水生植被有水葱植物群落、扁杆藨草群落、荻群落、菹草群落、金鱼藻—狐尾藻群落、角果藻群落、狐尾藻群落等多种群落，主要分布在上马台水库及保护区南部水质较好的坑塘洼地中。

草甸植物型是由洼地失水干涸后形成的，主要有白茅群落、野大豆群落、罗布麻群落、打碗花群落、狗尾草群落、牛鞭草群落、星星草群落、碱茅群落等，由于种类成分混杂，并受放牧、垦殖、放荒的影响，植物群落无一定优势种，群落外貌不整齐，多呈斑块状不均匀分布，且不稳定，随水分的变化而变化。

本保护区的盐生植被主要分布在龙凤新河以南地区，主要是盐地碱蓬群落。

大黄堡地区的人工植被分类根据生活型，分为木本和草本两类。木本栽培植物以行道树为主，主要栽培树种为杨、刺槐、垂柳、旱柳、椿树等，以杨为主。草本植物群落以熟制为分类基础，如小麦、玉米二年三熟栽培群落、棉花一年一熟栽培群落等。

4.3.4.2 动物概况

1. 鸟类

大黄堡湿地自然保护区鸟类居留的季节性明显，鸟类组成具有较大的季节性波动，夏候鸟种类也较多，说明这里栖息环境较好，适宜鸟类的繁殖。与天津市其他重要湿地（七里海、团泊洼、北大港）相比，大黄堡湿地芦苇原生生态系统比较完整，受人类干扰较小，是天津市目前保留的最好的一片沼泽湿地，自然饵料丰富，鸟类种类多、数量大。

本保护区共记录到鸟类 17 目、44 科、199 种，占全国鸟类总种数的 14.95%。国家级保护鸟类多，共有 38 种，占天津市现有保护鸟类的 55.67%，其中国家Ⅰ级保护鸟类有 4 种，国家Ⅱ级保护鸟类 34 种。本保护区有在《中华人民共和国政府和日本国政府保护候鸟及其栖息环境的协定》中记载的保护鸟类 116 种，占全部种数的 58.29%，在《中华人民共和国政府和澳大利亚政府保护候鸟及其栖息环境的协定》中记载的保护鸟类 35 种，占全部种数的 17.59%。

在本地区的鸟类中，有旅鸟 148 种、夏候鸟 55 种、冬候鸟 14 种、留鸟 14 种，基本以旅鸟为主，其占了 74.62%，说明天津大黄堡湿地自然保护区位于鸟类迁徙的通道上，是鸟类南北迁徙的重要中转站。

湿地水鸟多是本保护区的又一特点，保护区内有水鸟 92 种，占保护区鸟类总种数的 46.23%。水鸟在种类和数量上都构成了本地区鸟类的主体，它们处于最适生态环境中，占据最佳生态位，所以不仅在种类上占有优势，在数量上也出现了繁盛。在春秋季的迁徙季节，它们常集结成成千上万只的大群。经调查发现，春秋两个季节水鸟的种类最多，春季以 4、5

月，秋季以 10、11 月为多，水鸟种类在 10 月为最多，数量在 11 月最多，主要是大量的鸭类在秋末冬初迁徙量加大，有上千只的群体；也由于春季鸭类迁徙得较早，3 月份已经都飞走。12 月底水面结冰，水鸟全无。苍鹭集中在 3 月和 11 月，数量显著；红嘴鸥和银鸥的数量变化有差异，银鸥在 3 月底到达此处，且数量较多；红嘴鸥在 4 月数量较多，秋季在 11 月数量较多。

大黄堡地区鸟类的优势种为凤头䴙䴘、苍鹭、夜鹭、绿头鸭、斑嘴鸭、普通秋沙鸭、普通燕鸻、凤头麦鸡、黑翅长脚鹬、反嘴鹬、银鸥、红嘴鸥、灰沙燕、家燕。保护区优势种主要是分布于开阔水域的鸟类，常见种以芦苇沼泽和开阔水域中的种类为主，秋季清鱼后的浅水地是吸引鸟种的重要环境之一。

2. 兽类

大黄堡湿地自然保护区为湿地类型保护区，沼泽湿地和开阔水域在整个保护区占相当大的比例，湿地芦苇、禾本科及莎草科植物在保护区植被中占主要地位，陆栖兽类的适宜栖息地面积相对狭小，因此保护区内兽类的种类和数量都较少。保护区有兽类共 20 种，隶属 5 目 7 科，总种数约占全国兽类总种数（478 种；刘玉明等，2000）的 4.2%，种类组成中以翼手目动物居多，共 9 种，包括马铁菊头蝠、大棕蝠、萨氏伏翼、中华山蝠、东亚伏翼、褐长耳蝠、东方蝙蝠、大卫鼠耳蝠、白腹管鼻蝠等，占总种数的 45%；其次为啮齿目 6 种，包括黑线仓鼠、长尾仓鼠、大林姬鼠、小家鼠、北社鼠、褐家鼠等，占总种数的 30%；其他 3 目兽类种类有兔形目的草兔，猬形目的东北刺猬，食肉目的猪獾、狗獾和黄鼬。

3. 两栖、爬行类

本保护区有两栖类动物 1 目、3 科、6 种，种类数约占全国两栖动物总数（268 种；刘明玉等，2000）的 2.2%。爬行类动物共记录 3 目、4 科、16 种，占全国爬行类动物总种数（382 种；刘明玉等，2000）的 4.2%，两栖类种类组成中均为无尾目的蛙蟾类。爬行类动物主要为湿地生活的蛇类，共 11 种。此外，还发现有水生的鳖，其为典型的湿地种类。两栖、爬行类动物情况见表 4-6。

表 4-6　本保护区两栖、爬行类动物组成

<table>
<tr><th colspan="3">爬行纲</th><th colspan="3">两栖纲</th></tr>
<tr><td>龟鳖目</td><td>鳖科</td><td>鳖</td><td rowspan="5">无尾目</td><td rowspan="2">蟾蜍科</td><td rowspan="2">中华大蟾蜍、花背蟾蜍</td></tr>
<tr><td rowspan="2">蜥蜴目</td><td>壁虎科</td><td>无蹼壁虎</td></tr>
<tr><td>蜥蜴科</td><td>蓝尾石龙子、黄纹石龙子、北滑蜥</td><td>姬蛙科</td><td>北方狭口蛙</td></tr>
<tr><td>蛇目</td><td>游蛇科</td><td>黄脊游蛇、赤链蛇、王锦蛇、玉斑锦蛇、黑眉锦蛇、红点锦蛇、团花锦蛇、白条锦蛇、棕黑锦蛇、乌梢蛇、虎斑颈槽蛇</td><td>蛙科</td><td>黑斑侧褶蛙、金线侧褶蛙、泽陆蛙</td></tr>
</table>

4. 鱼类

经本次调查，大黄堡湿地自然保护区内有鱼类 5 目、9 科、32 种。鲤形目鱼类种数最多，

共22种，占保护区鱼类种数的72.0%。其中鲤形目鲤科有21种，鲤形目鳅科有1种。鲈形目鱼类计5科、5种，占保护区鱼类总种数的16.7%。与2005年鱼类调查结果相比，土著鱼类生物量有所减少。

本保护区内的鱼类以北方江河广温性鱼类为主，并有北方适应亚冷水域鱼类，以及引进驯化的热带和冷水性鱼类，形成南北混合的过渡地带的淡水鱼类区系的特点。原有的野生型土著鱼类几近绝迹，多代之以人工养殖鱼类（鲢鱼、鲤鱼、草鱼、鲫鱼），这些养殖鱼类生物量占全部生物量的绝大多数。

近期调查发现，本保护区养殖鱼类的种类较2005年（2005年科考记录鱼类5目、9科、25种）增加了7种，增加了鲇形目鲇科鲇鱼等引种养殖鱼类。

5. 底栖动物

经本次调查，大黄堡湿地自然保护区底栖动物共有13科34种，占天津市陆域底栖动物种类的50%（天津市陆域底栖动物共3门、6纲、68种）。其中环节动物1科、7种；软体动物4科、6种；水生昆虫5科、18种，其他底栖动物3科、3种。个体生态资料显示，本保护区底栖动物区系组成中的大多数种类均为我国北方适应环境能力强的广布种。底栖动物中多数种类为典型的淡水生物。

从整体上看，大黄堡水域底栖动物种类多样性不高，特别是定量样品和种类组成较为单一。底栖动物种类的生态习性资料显示，构成调查水域底栖生物的主要种类为分布广泛且具较强生态适应性的和耐有机污染的颤蚓科寡毛类和摇蚊科昆虫幼虫。

本次底栖动物的调查发现寡毛类中的霍甫水丝蚓以及水生昆虫中的中华摇蚊、红裸摇蚊的分布较多，而这几种浮游动物为国际上公认的富营养型水体指示生物。由此看来，大黄堡湿地环境呈现出富营养化的趋势。

4.3.5 保护区的管理现状

1. 现状土地覆盖

根据《全国生态环境十年变化（2000—2010年）遥感调查与评估项目技术指南》中的土地覆盖分类体系，保护区内共涉及森林、草地、湿地、农田、城镇及裸地等生态系统类型Ⅰ级类，其下又可分为阔叶林、草地、湖泊（库湖、坑塘）、耕地、园地、居住地、城市绿地、工矿交通、裸地等9种生态系统类型Ⅱ级类，各类面积及比例见表4-7。统计结果显示，保护区主要生态系统类型为湿地生态系统和草地生态系统，分别占保护区总面积的54.2%和21.1%，两者总面积占比达到75.3%。其中草地生态系统主要是位于保护区南部核心区的芦苇沼泽湿地。

表4-7　本保护区土地覆盖现状

序号	编码	Ⅰ级分类	面积/万m^2	比例/%	编码	Ⅱ级分类	面积/万m^2	比例/%
1	1	森林	220	2.1	11	阔叶林	220	2.1

续表

序号	编码	Ⅰ级分类	面积 / 万m²	比例 /%	编码	Ⅱ级分类	面积 / 万m²	比例 /%
2	3	草地	2 204	21.1	31	草地	2 204	21.1
3	4	湿地	5 673	54.2	42	湖泊（库湖、坑塘）	5 673	54.2
4	5	农田	1 658	15.8	51	耕地	1 636	15.6
5					52	园地	22	0.2
6	6	城镇	448	4.3	61	居住地	255	2.4
7					62	城市绿地	20	0.2
8					63	工矿交通	173	1.7
9	9	裸地	262	2.5	91	裸地	262	2.5
总计			10 465	100			10 465	100

2. 基础设施

本保护区自 2005 年建立至今，先后投入 1 000 余万元用于保护区基础设施建设。保护区现已初步具备了一些基本的资源保护工程设施、宣传教育设施、通信设施、生态旅游设施及必要的办公及生活设施，在一定程度上满足了湿地生态系统的保护、科研、宣传、教育等方面的工作需求，但在保护区动植物种类、用地类型动态监控等方面的综合性科学调查以及保护区基础设施日常维护等方面仍存在一定资金缺口。

3. 管理机构

大黄堡湿地自然保护区管理机构的名称为天津大黄堡湿地自然保护区管理委员会，设置级别为正处级，属于区政府派出机构，下设生态保护中心、办公室、综合管理科。根据机构设置，人员编制为 27 人。保护区管理机构在制定自然保护区的各项管理制度、统一管理自然保护区、依法保护野生动植物、协助有关部门依法查处破坏保护区内自然资源和自然环境的案件、进行自然保护的宣传教育、组织或者协助有关部门开展自然保护区的科学研究或者协助有关部门开展自然保护区的科学研究与科普教育等方面开展工作。

4. 土地权属

大黄堡湿地自然保护区总面积为 104.65 km²，其中上马台水库占地 5.91 km²，为国有土地，其余土地全部属于集体所有。保护区管理部门与周边的社区均签订保护管理协议，无土地使用权和管理权纠纷。

5. 科研监测

作为我国北方典型的芦苇沼泽天然湿地生态系统，大黄堡湿地自然保护区具有重要的保护和科研价值，但保护区的科研工作尚处于起步阶段，缺乏基本的科研设施及设备，尚未形成完整的科学研究和技术监测体系；针对保护区生态系统演替、生物地理学、鸟类生态学等方面的科研资料尚不完善，同相关科研单位的合作有待加强。

4.3.6 社会经济概况

大黄堡湿地自然保护区涉及大黄堡乡、崔黄口镇、上马台镇3个乡镇的25个行政村，其中属大黄堡乡的面积约76.2 km²，属上马台镇的面积为27.6 km²，属崔黄口镇的面积为8.2 km²。大黄堡乡镇政府位于保护区缓冲区内，上马台镇政府位于保护区实验区内。保护区内的产业结构主要以第一产业为主，其中水产养殖业是第一产业的主要构成，淡水鱼养殖面积达到55.35 km²，占保护区总面积的49.4%，此处现已成为京津两地和东北地区重要的水产品供应基地。

4.4 蓟县盘山自然风景名胜古迹保护区

盘山自然风景名胜古迹保护区坐落在京、津、唐、承四市的腹心，位于蓟州城区西北12 km处，地理位置为东经117° 15′ ~117° 30′ 、北纬40° 0′ ~40° 10′，海拔多为300~500 m，最高峰挂月峰海拔864.4 m。

4.4.1 自然地理概况

盘山自然风景名胜古迹保护区地层由中、上元古界长城系、蓟县系海相沉积的白云岩和石灰岩及中生代的花岗岩所组成。

盘山地貌主要为低山丘陵地貌类型，山势陡峭，坡度大部分为20° ~30°，不少地段悬崖峭壁的坡度达70° ~80°。由于节理发育和球状风化，这里形成了怪石嶙峋的巨石地貌。

本保护区的土壤大部分为淋溶褐土，属于华北暖温带一种地带性土壤类型。海拔800 m以上的中山区因受地貌、气候、植被影响，发育了山地棕色森林土，其也属于华北暖温带地带性土壤类型。

盘山地区的河流属泃河水系，因盘山与华北大平原以断层接触，缺少过渡的丘陵地区，加之盘山地区地势北高南低，高差大，多地形雨，故盘山地区的河流大都自北向南流，且源短流急。主要河流有发源于盘山紫盖峰的漳河、发源于盘山主峰挂月峰的秃尾巴河的支流秃二支河。

本保护区的植被大多为天然油松林、侧柏林、栓皮栎林、槲栎林，植物成分区系复杂，以华北区系成分为主，还有东北区系、内蒙古区系及热带、亚热带区系成分。植被类型多，主要有落叶阔叶林，有栎类林、栾树林、盐肤木林、山杨林、核桃楸林；针叶林，有天然侧柏林、油松林；还有油松、侧柏与栎类的针叶阔叶混交林，以及灌草丛植被类型等。

4.4.2 保护区的历史沿革

1977年，天津市革命委员会决定修复盘山。1978年5月，盘山游览区管理所成立，盘山林场归其管辖；1979年11月，天津市革命委员会批准盘山风景名胜区总体规划（津革发〔1979〕168号）。总体规划中提及其范围为“北至挂月峰自来峰；南至莲花岭、烈士陵园；东至报国寺；西至青峰寺、法藏寺，另外包括花园、苗圃、外宾接待区以及界外云净寺、千像寺两个风景点，面积 710.9 万m^2，其中国有土地 180 万m^2，集体土地 530.9 万m^2，涉及官庄、许家台两个公社（乡镇）八个大队（村）的山林及部分耕地。"

1982 年，盘山游览区管理所改为天津市盘山游览区管理处（津建城〔1982〕54 号）；1984 年，天津市人民政府批复市农业区划委员会（津农区委）《关于建立自然保护区的报告》，发《关于同意建立蓟县中、上元古界地质剖面等四个自然保护区的函》（津政办函〔1984〕101 号），盘山风景名胜区建立"蓟县盘山自然风景名胜古迹保护区"。目前，该自然保护区为蓟县盘山国家级风景名胜区的核心景区。

4.4.3　自然资源与主要保护对象

4.4.3.1　自然资源

1. 森林资源

本保护区的生态环境以森林生态系统为主，植被类型组成丰富，有以油松林和侧柏林为主的针叶林，油松林、侧柏林与栓皮栎林、麻栎林呈镶嵌分布的针阔混交林以及栓皮栎林、麻栎林、槲栎林、槲树林等落叶阔叶林。

2. 矿产资源

本保护区在盘山花岗岩体侵入过程中形成多种金属与非金属矿产资源。经济价值较高的主要金属矿有钨矿、钼矿、含铜磁铁矿、铜矿、铜铅矿、铅锌矿。非金属矿有麦饭石矿、大理石矿等。另外，盘山花岗岩围岩地层还分布着大面积的白云石矿、水泥石矿以及丰富的建筑砂石矿。

3. 水资源

本保护区地表水以盘山挂月峰为中心，呈放射状发育，最终注入泃河水系。盘山地下水属于岩浆岩裂隙水和碎屑岩孔隙水类型。麦饭石分布区形成丰富的地下优质矿泉水，具有可观的开发利用价值。

4. 野生动植物资源

据初步调查，盘山自然保护区的植物有 1 000 余种，分属于 100 多科、400 多属，其中，有重要经济价值的植物有用材林、野生花卉、中草药、野生水果、野生蔬菜等资源。本保护区有哺乳类动物 20 多种，鸟类 100 多种，两栖、爬行类动物 20 多种，昆虫类动物 400 多种。

5. 景观资源

1）自然景观

盘山风景名胜区属典型的山岳型风景名胜区，以"五峰八石""三盘之胜"著称于世。主峰挂月峰海拔 864.4 m，为盘山之巅。峰顶有唐代定光佛舍利塔，塔下有云罩寺，为唐道宗大师所建；主峰前有紫盖峰，形似伞盖；主峰后有自来峰，突兀险峻；主峰东有九华峰，犹如莲花；主峰西有舞剑峰，山顶一如平砥。五峰攒簇，怪石嶙峋，形成三盘之胜：上盘松胜，蟠曲翳天；中盘石胜，怪异神奇；下盘水胜，喷珠溅玉。古人曾赞它："山秀石多怪，林深路转奇。三盘无限意，幽绝少人知。"也有人称盘山三胜为"上盘雪，中盘雨，下盘斜阳"。盘山山势曲折萦回，奇特陡峭，每薄暮时，云烟雾霭，浮罩满山，似晴非晴，不雨似雨，历史上有"盘山暮雨"

之称。

盘山自然风光绮丽，四季各异。阳春，山花烂漫，桃李芳菲，莺歌燕舞，彩蝶翻飞；仲夏，峰峦点翠，万壑堆青，山泉奔泻，瀑布腾空；深秋，层林尽染，榛黄枫赤，百果飘香，姹紫嫣红；严冬，白雪添娇，青松增翠，玉岭琼峰，分外妖娆。

2）人文景观

盘山景观资源中除了蕴涵着雄、奇、幽、秀的自然景观美外，还渗透着人文景观美的丰富内涵。盘山的人文景观是根据自然景观以及封禅、游览、观光等活动的需要而布局的，建筑布局依山就势，与自然山水浑然一体，高低错落，保持了山林胜地的自然景色。

历史上盘山香客主要走中路，即以"入胜"为起点，直至主峰挂月峰。沿登山路有临溪而建的休憩观光建筑，半山有依山而建的寺庙建筑，还有耸立于山巅的古塔建筑等。此外，盘山南麓的静寄山庄曾为清代行宫，由外八景以及内八景组成。盘山历史上号称有七十二座古寺，寺庙建筑风格接近硬山民居，青山绿水之中偶见黛瓦粉墙，颇显朴实素雅。

盘山的人文景观之中，石刻碑碣是很重要的一部分，很多碑文石刻还有美丽的民间传说。盘山入口处的"入胜""四正门径"，天成寺内的"幽境"，万松寺附近的"遏凡尘"，以及"逍遥游""捧日""摩天""大方广""天门开""仙台"等，使石刻艺术与自然及民间的传说融为一体。摩崖石刻有的点石成景，如"四正门径"；有的点题意境，如"入胜""幽境"；有的因石赋感，如"天门开""逍遥游"；有的由景联想，如"捧日"等。它们不仅丰富了盘山的景观资源，而且赋予景观深刻的文化内涵，而许多摩崖石刻赞美了盘山的自然美，体现了对自然的崇尚，更为盘山增色。

盘山现存的碑刻有二十多通，一般记录了盘山胜景和建寺过程，碑刻书法刚劲俊秀，显示出中华书法的魅力。

盘山曾是抗日根据地，现有的盘山烈士陵园及大量革命遗址亦为盘山风景名胜区增添了历史与文化内涵，是爱国主义教育基地。

发祥于此的于庆成泥塑因形成雕塑界的一大流派——立体漫画而蜚声国内外（目前已在石趣园内建成"于庆成泥塑馆"），它们更为盘山增添了一道独具特色的风景线。

4.4.3.2 主要保护对象与保护价值

1. 主要保护对象

（1）优越的森林生态环境。

（2）丰富的野生动植物资源。

（3）具生物多样性的物种基因库。

（4）水源涵养地。

（5）珍贵的古树名木。

（6）著名的文物古迹。

2. 保护价值

（1）盘山自然保护区森林茂密，以栎属植物为优势，包括多种阔叶树所构成的落叶阔叶林植被类型，是中国暖温带落叶阔叶林地带植被类型的典型代表，对研究中国及全球的地带性植被分布规律具有重要的科学价值。

（2）盘山繁育着丰富的野生动植物资源，是华北生物多样性的物种基因库，对中国生物多样性保护具有重要意义。

（3）盘山自然保护区是一个巨大的花岗岩体，由四次侵入的多种花岗岩所构成，对研究全球花岗岩的特点形成规律有重要的科研价值。

（4）盘山自然保护区分布着多种岩浆矿与变质矿，与花岗岩的侵入关系密切。搞好盘山自然保护区的建设，对研究岩浆矿与变质矿形成机理有重要的科学价值。

（5）盘山奇特的地貌形态是花岗岩地貌的典型代表，是研究花岗岩地貌的标准地区。

（6）盘山生长着大量的百年以上的古银杏、古油松、古侧柏，是我国一笔巨大财富，具有重要的观赏与研究价值。

（7）盘山自然保护区是华北地区水源涵养地之一。丰富的优质淡水和麦饭石矿泉水具有重要的研究价值和经济价值。

（8）盘山著名的古寺、古塔、古碑、摩崖石刻及革命遗址、遗迹是中华民族悠久文化重要的组成部分，有很高的保护价值、研究价值和社会效益。

4.4.4　动植物概况

4.4.4.1　名木古树

盘山有一级古树 425 株，占天津市级保护古树的 59%，主要分布在上盘区，其是天津市唯一古树群。

（1）银杏，共有 2 株，位于盘山天成寺景区，树龄约 800 年，树干挺直，均为雌株，生长良好。

（2）侧柏（香柏），位于盘山天成寺景区多宝佛舍利塔旁，树龄约 1 000 年，是目前天津最古老的侧柏之一，生长良好。

（3）挂钟松（油松），位于盘山主峰挂月峰景区，树龄约 600 年，树姿优美，但目前树冠萎缩，树干形成空洞，长势明显衰弱。

（4）伴塔松（油松），位于盘山主峰挂月峰景区、定光佛舍利塔旁，树龄约 600 年，树干严重受损，长势衰弱。

（5）奇松（油松），位于盘山上方寺停车场下方（路旁），树龄约 450 年，树干从石缝中横生，树姿奇特，目前根系严重受损，树干下沉，长势衰弱。

（6）凤翘松（油松），位于盘山万松寺景区，树龄约 500 年，树干横生于悬崖上，为盘山奇观之一，目前生长区域狭小，生长有衰弱的趋势。

（7）龙腾松（油松），位于盘山景区凤翘松北，与其隔路相望，树龄约 300 年，长势良好。

（8）进士松（油松），位于盘山景区上方寺，树龄约 450 年，虽屡经大雪摧折，但依然坚挺苍翠。

（9）和谐松（油松），位于盘山南天门阁楼西侧山梁上，由 3 株古松组成。其中 2 株树龄约 400 年，另有百年古松 1 株，均长势良好。

（10）将军松（油松），位于盘山景区挂月峰南 300 m 处，树龄约 450 年，长势衰弱。

（11）探海松（油松），位于盘山景区挂月峰东 2 km 一座山梁上，树龄约 500 年，根植于石壁缝隙中，干向东南凌空斜探，长势良好。

（12）蟠龙松（油松），位于蓟州区官庄镇东后子峪村，树龄约 350 年，树干低矮，主枝盘旋，如游龙，树冠平展，覆盖面积近 400 m^2，是目前国内公开报道的 3 株蟠龙松之一（另 2 株位于北京昌平区和太原天龙山），而且是最大、长势最好、保存最完整的 1 株，在种质资源保存上有重要的科学价值。

4.4.4.2 植被概况

盘山因其所处的特殊的地理位置，使它的植物成分具有多种植物区系成分的过渡性、混合性和自身的独特性。盘山的植物区系成分以华北区系为主，代表植物有油松、侧柏、栓皮栎、槲栎、麻栎、元宝槭、大叶白蜡、坚桦、榆树、旱柳、栾树、北鹅耳枥、核桃楸、杨树、山楂、榛、胡枝子、锦鸡儿、孩儿拳头、荆条、酸枣、山桃、山杏、小叶朴、柿树、栗子树、核桃树及黄背草、白羊草、野古草、牛耳草等。盘山地区的特有植物有木香薷、蚂蚱腿子、独根草、独角莲、大百合等。植被类型有针叶林、针阔叶混交林、落叶阔叶林和灌草丛。

1. 针叶林——油松林

油松在盘山分布广泛，常见于海拔 360~800 m 之间的山地的阴坡及半阴坡，以挂月峰、紫盖峰、上方寺、嶕峣峰、弥勒峰等地为多。尤其是紫盖峰、上方寺一带多百年树龄以上的油松，它们群落外貌整齐，生长发育良好，一般树高 15~25 m，胸径 20~30 cm，常形成油松纯林。群落覆盖度达 90% 左右，林下伴生多种灌木和草本植物，具有原始油松林的特点，郁郁葱葱，松涛起伏，蔚为壮观，是著名的"上盘松胜"的典型代表。盘山上有几株胸径 1 m 左右、树高 25 m 左右、树龄 300~500 年的"油松王"。其中列入《天津市古树名木名录》的有迎客松、蟠龙松、凤翘松、挂钟松、伴塔松等。

2. 针叶林——侧柏林

盘山上的侧柏林片状分布在海拔 400~600 m 的阳坡及半阴坡，自然生长在坡度较陡、土壤瘠薄、岩石裸露的花岗岩隙缝中。它们生长缓慢，但生命力旺盛、顽强，树高仅 10 m 左右，胸径 10~15 cm，群落外貌深绿、整齐，结构简单，多呈片状。

3. 针阔叶混交林

盘山上海拔 300~500 m 的半阴坡常有小片的油松林、侧柏林与栓皮栎林、麻栎林镶嵌分布，形成天津市及华北地区少见的针阔叶混交林群落，总覆盖度达 80%~90%。其竖直结构可划分为 3 层，上层为栓皮栎、麻栎、油松、侧柏构成的乔木层；中层为林下灌木层，植物种类较多，覆盖率为 40% 左右，常见的灌木有多花胡枝子、小叶鼠李、小花溲疏、雀儿舌头、孩儿拳头等，为伴生种；下层为草本层，无明显优势种，常见的有多叶隐子草、大油芒、荩草等。

4. 落叶阔叶林

盘山地区的落叶阔叶林广泛分布在低山丘陵区海拔 100~700 m 的阳坡和半阴坡，以壳斗科的栓皮栎林、麻栎林、槲栎林、槲树林最为常见，林冠整齐，生长发育良好，覆盖度在 95% 以上。林下灌木层主要有胡枝子、孩儿拳头、锦鸡儿、荆条、绣线菊、小花溲疏等，草木层主要有沙参、隐子草、紫菀、大油芒、唐松草、马兜铃、何首乌、玉竹、铃兰、独角莲、披针叶苔草、细叶苔草、百合、半夏、穿山龙及蕨类、地衣、苔藓类等，是水源涵养林的主要植被类型，也是华北暖温带落叶阔叶林地带性植被类型的典型代表。此外，还有栾树林、朴树林、五角枫林、山杨林、盐肤木林、鹅耳枥林、野山楂林、山杏林、山桃林及人工栽植的核桃林、栗子林、红果林、柿子林、苹果林、梨树林、桃树林等经济林。

5. 灌草丛

盘山地区除森林植被之外，大面积低山丘陵区均被灌草丛植被类型所覆盖。该植被类型由灌木、草本植物所组成，按优势种的差异可划分为若干个群落，主要有：①荆条灌丛；②绣线菊、欧李、蚂蚱腿子灌丛；③小叶鼠李灌丛；④荆条、酸枣灌丛；⑤孩儿拳头灌丛；⑥榛子灌丛；⑦荆条、酸枣灌草丛；⑧黄背草、白羊草灌草丛等。

灌草丛植被类型是森林植被经多次砍伐后自然演替而成的。因环境条件的差异及人为干扰的程度不同，灌草丛植被发育的方向也不同。在封山育林的地区，土壤条件较好，灌草丛植被旺盛发展，群落高度在 1 m 左右；在遭到重复砍伐的地区，土壤十分贫瘠干旱，灌草丛植被极端退化，植株矮小。

在灌草丛植被类型中，除优势种外，还有一些其他的灌木和草本植物，如花木兰、多花胡枝子、小叶鼠李、锦鸡儿等灌木，草本植物还有野大豆、山扁豆、委陵菜、野甘菊、远志、瓦松、山丹、桔梗、火绒草等。

盘山中被列入《中国植物红皮书——稀有濒危植物》的植物有黄檗、胡桃、核桃楸、水曲柳、青檀、刺五加、银杏、短柄乌头、黄芪、蒙古黄芪、野大豆、草苁蓉、肉苁蓉、中国蕨等。

4.4.4.3 动物概况

1. 哺乳动物

本保护区中属于东洋界成分的动物有金钱豹、社鼠、猪獾、青鼬、花面狸、豹猫等。其中花面狸分布在北界仅至燕山山脉一线，其余种类扩展到东北地区。灰鼠、花鼠、飞鼠、杜姬鼠、狍子等为东北区的典型种类，它们在盘山地区栖息繁衍，这是它们从东北区向华北区迁移延伸的结果。狼、狐、貉、黄鼬、褐家鼠、小家鼠等为广布种。

2. 鸟类

栖息、繁殖在盘山的鸟类有 150 种以上，其中属于古北界成分的鸟类约占鸟类总数的 50% 以上。约有 40 余种为广布种，它们的繁殖范围跨越古北界和东洋界。有 20 余种为东洋界成分，如黄脚三趾鹑、彩鹬、燕鸻、鹰鹃、蓝翡翠、黄鹂、卷尾、红嘴蓝鹊、寿带、暗绿绣眼、苍鹭等。

3. 两栖动物

盘山的两栖类动物中，除泽蛙为东洋界成分外，其余种类均为古北界成分。但这些古北界成分也不同程度地向南延伸，分布至华中区和华南区。本保护区的两栖类动物主要有中国林蛙、黑斑蛙、金线蛙、泽蛙、北方狭口蛙、花背蟾蜍、中华大蟾蜍 7 种。

4. 爬行动物

盘山的爬行类动物中，属于东洋界成分的有蓝尾石龙子、南滑蜥、王锦蛇、玉斑锦蛇、红点锦蛇、黑眉锦蛇和乌梢蛇等。其余种类均属于古北界成分，但赤链蛇、虎斑游蛇广布于全国各地。爬行动物共 4 科、17 种，分别为游蛇科的虎斑游蛇、黄脊游蛇、王锦蛇、黑眉锦蛇、棕黑锦蛇、玉斑锦蛇、赤链蛇、乌梢蛇、白条锦蛇、红点锦蛇、短尾蝮蛇，石龙子科的蓝尾石龙子、北滑蜥、南滑蜥，蜥蜴科的丽斑麻蜥、山地麻蜥，壁虎科的无蹼壁虎。

盘山中被列入《中国濒危动物红皮书》的动物有：金钱豹、豹猫、金雕、斑尾榛鸡、大鸨、勺鸡、乌雕、猎隼、雀鹰、鸮、灰林鸮、牛头伯劳、中国林蛙、赤峰锦蛇、玉斑锦蛇、黑眉锦蛇、王锦蛇、乌梢蛇、短尾蝮蛇等。盘山分布的国家Ⅰ级保护鸟类有金雕、白肩雕、大鸨；分布的国家Ⅱ级保护鸟类有鸮、雕鸮、领角鸮、红角鸮、灰林鸮、鹰鸮、长耳鸮、短耳鸮、纵纹腹小鸮、红脚隼、黄爪隼、红隼、燕隼、灰背隼、猎隼、游隼、乌雕、草原雕、鵟、大鵟、灰脸鵟鹰、毛脚鵟、赤腹鹰、苍鹰、雀鹰、松雀鹰、凤头蜂鹰、鸢、黑翅鸢、白头鹞、白尾鹞、草原鹞、鹊鹞、秃鹫、勺鸡、花尾榛鸡等。

4.4.5 保护区的管理现状

1. 现状土地覆盖情况

根据《全国生态环境十年变化(2000—2010 年)遥感调查与评估项目技术指南》中的土地覆盖分类体系，本保护区内共涉及森林、灌丛、草地、湿地、农田、城镇及裸地等生态系统类型Ⅰ级类，其下又可分为阔叶林、针叶林、针阔混交林、阔叶灌丛、草地、湖泊(库湖/坑塘)、耕地、园地、居住地、工矿交通、裸地等 11 种生态系统类型Ⅱ级类，各类面积及比例见表 4-9。统计结果显示，本保护区主要生态系统类型为森林生态系统和灌丛生态系统，分别占保护区总面积的 88.7% 和 7.0%，两者总面积占比达到 95.7%。

表 4-9 本保护区土地覆盖现状

序号	编码	Ⅰ级分类	面积/万 m^2	比例/%	编码	Ⅱ级分类	面积/万 m^2	比例/%
1	1	森林	630	88.7	11	阔叶林	514.9	72.5
2					12	针叶林	79.3	11.2
3					13	针阔混交林	35.8	5
4	2	灌丛	50.6	7.0	21	阔叶灌丛	50.6	7.0
5	3	草地	2.2	0.3	31	草地	2.2	0.3
6	4	湿地	0.7	0.1	42	湖泊(库湖/坑塘)	0.7	0.1
7	5	农田	7.4	1.1	51	耕地	0.6	0.1
8					52	园地	6.8	1
9	6	城镇	13.7	2.0	61	居住地	6.8	1
10					63	工矿交通	6.9	1
11	9	裸地	5.4	0.8	91	裸地	5.4	0.8
总计			710	100			710	100

2. 管理机构

盘山自然风景名胜古迹保护区是自然保护区,同时也是国家级风景名胜区,管理机构为盘山风景名胜管理局,保护区的管理执行风景名胜的管理方式,每年游人数量控制在25万人左右。现状盘山景区登山线有中线和东线两条,主要集中在中线,即入胜—天成寺—万松寺—挂月峰(云罩寺)路径,使得游人中线、东线分布极不均匀,游人主要集中在中路,尤其是入胜至万松寺登山缆车建成后,万松寺、天成寺游人更显集中。

4.4.6 旅游管理和服务概况

本保护区用地分属蓟州官庄镇和许家台乡,风景游览区中约50%用地由盘山管理局管辖。已开发的游览区内,主要游览活动以观光为主,目前景区内已重建完成的古寺庙包括天成寺、云罩寺、万松寺(部分),新建了万佛殿。寺庙的重建带来了佛教活动的恢复。另外在盘山东脚下,新建的石趣园、于庆成泥塑艺术馆成为盘山的一个新热点。风景区原在官庄附近设有管理中心——盘山管理局,另外在入胜、万松寺及云罩寺设有管理点。

4.5 青龙湾固沙林自然保护区

青龙湾固沙林自然保护区位于天津市宝坻区西南部,天津宝坻、天津武清和河北香河三地交界处,南侧隔青龙湾河与武清区相望,西侧与河北省廊坊市香河县土地相连,位于津围公路西侧,距宝坻城区约20 km,地理范围在东经117° 8′ 22″ ~117° 10′ 22″ 和北纬39° 36′ 8″ ~ 39° 37′ 28″ 之间。保护区呈不规则四边形,东起大口屯镇庞家湾村,西至石辛庄村,南至青龙湾河北堤,北到绣针河,总面积4.16 km^2,其中核心区面积为1.304 km^2,缓冲区面积为1.203 km^2,实验区面积为1.653 km^2。

4.5.1 自然地理概况

1. 地质

本保护区地处华北沉降带的冀中坳陷北部,是中生代以来长期持续沉降的地区。南部与北部差异显著,南部基岩顶板埋深1 400~1 600 m,北部基岩顶板埋深一般都在2 000 m以上。本保护区是一个被深厚新生代松散沉积物覆盖的平原地区,地表坦荡低平,坡度很小。质地以沙质土、沙壤土为主。

2. 地貌

本保护区地处华北平原北部、海河流域下游。由于以下降为主的下沉运动及河流冲积物的填充作用,形成了微度起伏的冲积平原。地面倾斜平缓,海拔高差不大,河流冲积有一定规律,加之含沙量大,河流两侧沉积物堆积甚多。缓流处含沙量小,地形相对低洼,使境内地势自西北向东南方向倾斜。本保护区地貌类型按其成因为冲积平原。冲积平原区主要由微倾斜平地形、低平地形、人为地形等组成。

3. 土壤

本保护区内均为沙地,土壤属于土类中的潮土类,普通潮土中的沙壤质潮土,结构较简单,分为两层,各层类型单一。表层有 1 m 深的沙土地,由青龙湾、北运河决口沉积后形成,底层是黄土地。土壤有机质含量在 1% 左右, pH 值为 8,土壤含氮量为 0.07%,速效钾含量为 153×10^{-6},速效磷含量为 3.1×10^{-6},碱解氮含量为 82×10^{-6},该地土壤具有沙质土所具有的特性,很适合树木、花草的生长。

4.5.2 保护区的历史沿革

为切实保护好青龙湾固沙林这块少有的固沙林地,宝坻区政府于 2003 年 6 月 27 日由宝坻政函〔2003〕26 号批准建立青龙湾固沙林区级自然保护区。

2005 年 4 月 27 日,宝坻区政府作出了《关于同意建立青龙湾固沙林自然保护区的批复》(宝坻政函〔2005〕12 号),并由林业部门牵头进行科学考察,拟将青龙湾固沙林建成市级自然保护区。2006 年 3 月经天津市政府批准,天津青龙湾固沙林自然保护区升级为市级自然保护区,初期业务主管部门为市林业局,管理机构为天津青龙湾固沙林自然保护区管理中心,管理机构级别为科级。2018 年部制改革后,青龙湾自然保护区业务主管部门为市规划和自然资源局,宝坻区农业农村委为其行政主管部门。

4.5.3 自然资源与主要保护对象

4.5.3.1 自然资源

1. 森林资源

本保护区在历史上林木茂盛,但由于受到人为影响,现有树木多为 20 世纪六七十年代人工栽植的人工林及天然次生林,林地面积为 1.21 km²,占保护区的 29.2%,林木平均胸径为 30 cm。林木自然生长,自然疏枝,稀密不均,林相不整齐。

2. 自然景观资源

青龙湾固沙林自然保护区特殊的自然地理位置造就了独特的自然旅游资源,这里沙地植物资源丰富,动物种类繁多,气候凉爽,空气清新,为开展生态旅游活动提供了优越的自然环境条件。

青龙湾固沙林草木繁茂,虫鸟丰盈,一个由人工林和天然次生林等多种生态要素组成的沙地生态系统逐渐形成,并保留了历史长期发展演替形成的沙地生态系统和陆生动植物生态系统,各种动植物群落互生共荣,繁衍生息。

3. 旅游资源

青龙湾固沙林自然保护区的旅游资源具有以下优势。

1)完整的自然生态资源

多年来,宝坻区致力于青龙湾固沙林的保护和治理工作,使其保持了生态系统和生物物种的多样性。目前,保护区内有野生鸟类 139 种,其中国家Ⅰ级保护鸟类 3 种、Ⅱ级保护鸟类 24 种。大部分面积被乔木覆盖。

2）独具特色的自然景观

青龙湾固沙林自然保护区受温带季风性气候影响，四季鲜明，独具特色，其中最具生态旅游特点的当属青龙湾固沙林中的人工林和天然次生林及珍稀鸟类。置身其中，顿生回归自然之感，令人流连忘返。

4.5.3.2　保护对象及保护价值

1. 保护对象

天津青龙湾固沙林自然保护区是以保护固沙林和陆栖野生生物及其生境共同形成的沙地生态系统为宗旨，集资源保护、科学研究和生态旅游于一体的自然保护区，属于生态公益性事业。其具体保护对象如下。

（1）平原沙地森林生态系统。

（2）由人工林及天然次生林为主的各种植物组成的植被。

（3）动物、鸟类及丰富的生物多样性。

（4）地表水、地下水资源。

2. 保护价值

1）保护生物多样性

青龙湾固沙林自然保护区的生物多样性相对丰富，有植物 33 科、82 属、118 种，兽类 5 目、7 科、14 种，鸟类 16 目、41 科、139 种，两栖、爬行类动物 2 目、6 科、14 种，昆虫 11 目、53 科、102 种。这里包括金雕、丹顶鹤和大鸨 3 种国家Ⅰ级重点保护野生动物，大天鹅、小天鹅、苍鹰等国家Ⅱ级重点保护野生动物 24 种，全部为鸟类。另外，保护区内还分布有国家Ⅱ级保护野生植物野大豆。

2）科研价值

本保护区内降水较充足，地形条件适合，发育了较典型的沙地森林生态系统，同时由于沙地森林生态系统正处于不断发育演化中，具有较高的保护和科研价值，适合进行长期的科学研究与监测。

4.5.4　动植物概况

4.5.4.1　植物概况

青龙湾固沙林自然保护区内现已查明植物有 33 科、82 属、118 种，其中木本植物 4 科、5 属、6 种，草本植物 29 科、77 属、112 种，其中包括国家Ⅱ级保护野生植物野大豆。

青龙湾固沙林是一个由多种生态要素组成的生态系统，其生态类型复杂多样。保护区特殊的地理位置、多样的生境条件决定了植被的特点。由于青龙湾固沙林的生态环境以沙地环境为主，因此，该区的植被类型以固沙林为主，杨树、刺槐在本区的木本植物中占绝对优势，是沙地植被的优势种，占全部植物生物量的 70% 以上。根据青龙湾固沙林植被的种类组成、外貌特征、生态地理特点及演化动态趋势，该地区的自然植被分为 3 个植被型，即落叶阔叶林植被型、灌草丛植被型和水生植被型，具有复杂多样的特点。

4.5.4.2 动物概况

1. 鸟类

青龙湾固沙林生态系统目前基本处于自然和半自然状态，其独特的地理环境孕育了丰富的物种多样性，保护区生境类型多样，有大面积的固沙林、岸边草丛、疏林草地等，为多种鸟类提供了适宜的栖息地，每年都有鸟类在保护区栖息繁殖。

青龙湾固沙林自然保护区共有鸟类 16 目、41 科、139 种。其中国家重点保护鸟类 27 种，包括国家Ⅰ级保护鸟类 3 种，分别为金雕、丹顶鹤、大鸨。Ⅱ级保护鸟类 24 种，分别为白琵鹭、大天鹅、小天鹅、鸢、苍鹰、雀鹰、日本松雀鹰、大鵟、普通鵟、秃鹫、猎隼、游隼、红角隼、灰背隼、红隼、燕隼、灰鹤、白枕鹤、红角鸮、普通雕鸮、灰林鸮、纵纹腹小鸮、长耳鸮、短耳鸮。

在保护区的 139 种鸟类中，雀形目鸟类最多，共计 17 科 61 种，占保护区鸟类种数的 43.9%；其次为鸻形目，有 5 科、17 种，占保护区鸟类种数的 12.2%，具体见表 4-10。

表 4-10　本保护区鸟类组成

序号	目	科	种	占保护区鸟类种数的比例 /%
1	鸊鷉目	1	1	0.7
2	鹳形目	2	9	6.5
3	雁形目	1	8	5.8
4	隼形目	2	14	10.1
5	鸡形目	1	2	1.4
6	鹤形目	3	5	3.6
7	鸻形目	5	17	12.2
8	沙鸡目	1	1	0.7
9	鸽形目	1	3	2.2
10	鹃形目	1	2	1.4
11	鸮形目	1	6	4.3
12	夜鹰目	1	1	0.7
13	雨燕目	1	2	1.4
14	佛法僧目	2	3	2.2
15	鴷形目	1	4	2.9
16	雀形目	17	61	43.9
合计		41	139	100

2. 兽类

根据本保护区建立时的科考资料，青龙湾固沙林自然保护区有陆栖兽类 5 目、7 科、14 种。其中，啮齿目种数最多，为 8 种，占全部种类的 57%；食肉目次之，为 3 种。保护区兽类名录见表 4-11。

表 4-11 本保护区兽类名录

目	科	种	目	科	种
食虫目	猬科	刺猬	啮齿目	松鼠科	松鼠
翼手目	蝙蝠科	东方蝙蝠		鼠科	田鼠
兔形目	兔科	草兔			黑线姬鼠
食肉目	鼬科	黄鼬			褐家鼠
					小家鼠
		狗獾		仓鼠科	长尾仓鼠
					大仓鼠
		猪獾			棕背鼠

3. 两栖、爬行类

根据本保护区建立时的科考资料，青龙湾固沙林自然保护区共有两栖、爬行类动物 2 目、6 科、14 种，其中两栖类动物 1 目、3 科、3 种，分别为中华大蟾蜍、无斑雨蛙和中国林蛙；爬行类动物 1 目、3 科、11 种，分别为山地麻蜥、丽斑麻蜥、蓝尾石龙子、赤链蛇、白条锦蛇、红点锦蛇、玉斑锦蛇、乌梢蛇、黑眉锦蛇、短尾蝮蛇和团花锦蛇。

4.5.5 保护区的管理现状

1. 土地覆盖现状

根据《全国生态环境十年变化（2000—2010 年）遥感调查与评估项目技术指南》中的土地覆盖分类体系，本保护区内共涉及森林、草地、湿地、农田、城镇及裸地等生态系统类型 I 级类，其下又可分为阔叶林、稀疏林、草地、湖泊（库湖、坑塘）、耕地、园地、居住地、城市绿地、工矿交通、裸地等 10 种生态系统类型 Ⅱ 级类，各类面积及比例见表 4-12。统计结果显示，本保护区主要生态系统类型为森林生态系统和农田生态系统，分别占保护区总面积的 44.3% 和 43.9%，两者总面积占比达到 88.2%。

表 4-12 本保护区土地覆盖现状

序号	编码	I 级分类	面积 / 万 m^2	比例 /%	编码	Ⅱ 级分类	面积 / 万 m^2	比例 /%
1	1	森林	184.4	44.3	11	阔叶林	176.5	42.4
2					14	稀疏林	7.9	1.9
3	3	草地	20.5	4.9	31	草地	20.5	4.9
4	4	湿地	17.2	4.2	42	湖泊（库湖、坑塘）	17.2	4.2
5	5	农田	182.9	43.9	51	耕地	137.9	33.1
6					52	园地	45	10.8
7	6	城镇	7.5	1.8	61	居住地	2.7	0.6

续表

序号	编码	Ⅰ级分类	面积/万 m²	比例/%	编码	Ⅱ级分类	面积/万 m²	比例/%
8					62	城市绿地	0.4	0.1
9					63	工矿交通	4.4	1.1
10	9	裸地	3.5	0.9	91	裸地	3.5	0.9
总计			416	100			416	100

2. 管理机构

天津青龙湾固沙林自然保护区于 2006 年 3 月经天津市政府批准建立为市级自然保护区。2009 年 2 月 12 日经天津市宝坻区机构编制委员会核准,天津青龙湾固沙林自然保护区管理处更名为天津青龙湾固沙林自然保护区管理中心。保护区管理机构编制 10 人,主管部门为天津市宝坻区农业农村委员会。

3. 土地权属

本保护区位于宝坻区西南部,总面积为 4.16 km²,其中国有面积 0.86 km²,集体面积 3.30 km²,涉及石辛庄、庞家湾、东南仁垺、西南仁垺、杨庄、西寨等 6 个村。保护区周边社区行政管理比较完善,保护区边界清晰,权属明确,无土地使用权和管理权纠纷,有利于保护区的保护与管理。

4.5.6 保护区的社会经济状况

本保护区内居民的经济收益主要来源于种植业、畜禽养殖业和水产养殖业,主要经济活动为种植经济林、苗圃,还有一部分农业生产及部分水产养殖,主要作物有小麦、玉米。苗圃为鸟类提供栖息和隐蔽地,水产养殖为水鸟提供了一定的食物来源。保护区内工业企业较少,受人类活动干扰较小,保护区核心区村庄内曾有 2 个养殖场,缓冲区内有一个小型村办企业及一个养殖场,实验区内有一个养鸡场,这些养殖企业在 2017 年后逐步拆除退出。

第 5 章　保护区发展的问题及对策、建议

天津市一些保护区始建于我国自然保护区抢救性建立、数量和面积规模快速发展的阶段，保护区自建立起就资金投入不足，一直以来建设和管理总体水平较低。笔者团队展开保护区基础状况的调查，总结了天津市自然保护区的主要问题，并针对问题提出相应的对策与建议。

5.1　保护区存在的主要问题

1. 历史遗留问题制约保护区的有效监管

在划定自然保护区之初，相关人员对保护区划定管理政策认识不足，没有处理好生态保护与农村集体经济发展之间的矛盾。在没有征收或者给予集体补偿的情况下，将大量的集体土地划为保护区，原有村民仍居住在保护区内，土地仍作为主要的生产资料，村民在保护区内的种、养殖活动屡禁不止，加之政府多年来一直未对这些保护区内的农村集体和农户进行生态补偿，导致长期以来无法对保护区实施有效管理。

2. 湿地类型自然保护区生态功能退化

近年对天津市湿地进行监测的结果显示，全市湿地面积比 2009 年第二次湿地资源调查时有减少趋势。造成陆域湿地减少的主要原因是自然降水减少，导致湿地原生植物生长退化，野生动物种类和数量减少，湿地生态功能下降，天然湿地面积萎缩。七里海保护区存水量从未设定保护区前的 1.3 亿 m^3 减少到目前的 0.35 亿 m^3。据统计，20 世纪后 50 年较 20 世纪初，天津地区降水量减少了 200 多 mm；1949—2008 年，天津年平均气温升高了 1 ℃多，降水量减少、气温升高、地表蒸发量加大，导致湿地功能退化。

人口的增加、经济的发展迫使保护区及周边村民为谋生计，围垦天然湿地进行养殖、耕种，导致天然湿地面积减少，转变为人工湿地或耕地，导致湿地生态功能退化明显。大黄堡保护区的芦苇湿地从 2009 年的 25 km^2 减少到 2015 年的 3 km^2。

3. 保护与发展矛盾日益突出

随着经济社会的快速发展，交通、通信、电力、化工等工程征用湿地的情况日益增多。为支持经济发展（重大项目、旅游、房地产、新农村建设），部分自然保护区被迫进行调整。一些地方为追求经济利益，在自然保护区内开展农业生产、水产养殖、旅游休闲、基础设施建设甚至小城镇建设、房地产开发等活动，保护区内普遍存在非法开垦养殖池塘，非法取土、捕捞情况，生产和生活产生的废水、废渣未经处理就被直接排入保护区水体中，对环境和生态都带来较大危害。保护区的管理与当地经济、居民的生产生活矛盾突出，自然保护区相关管理规定难以落实。

4. 保护区管护能力有待提高

（1）保护区法制建设尚不完善。目前，天津市只颁布实施了《天津市湿地保护条例》《天津古海岸与湿地国家级自然保护区管理办法》，但尚未制定自然保护区相关的地方性法规。自然保护区生态补偿机制尚未建立，保护和修复没有稳定的资金渠道，当地群众没有得到相应的政策扶持和经济补偿。

（2）保护区管理体制机制不顺。目前湿地类型保护区管理机构尚不健全，人员配备与目前湿地和自然保护区保护管理任务很不匹配，极大地制约了保护管理工作的有效开展。属地政府管理的主体责任、部门监管责任、自然保护区管理机构具体管理责任的责权界限不够清晰。水库、湿地公园与自然保护区交叉重叠，存在多头管理等问题。

（3）监督管理的基础能力薄弱。4 个湿地类型自然保护区作为天津市南北两片重要的生态功能区，尚未建立生态监测监控网络，管理执法手段落后，管理机构现场巡护人员不足，不能及时制止违法违规问题发生。天津古海岸与湿地国家级自然保护区管理处 36 名工作人员负责总面积 359.13 km^2 保护区的日常巡护工作。天津大黄堡湿地自然保护区、天津团泊鸟类自然保护区管理能力极为薄弱。

（4）考核问责机制尚未形成。湿地面积、湿地保护率、湿地生态状况等保护成效指标尚未被纳入生态文明建设目标评价考核制度体系。

5.2 保护区发展的对策、建议

1. 完善规章制度体系，严格依法依规管护

加强自然保护区“一区一法”建设，通过立法确定各自然保护区的范围、主要保护对象、保护管理机制、管理办法等，使保护区的保护管理工作法制化，做到依法建设和管理自然保护区。制定出台统一的管理办法，对湿地自然保护区管理机构的主要职责、管理程序及违法行为的处理等进行规范，为开展保护提供基本的行为准则。健全保护区管理的内部规章制度及档案管理制度。

2. 落实管理责任，加强评估考核

明确自然保护区所在地方政府的属地管理主体责任和市级有关部门的监管责任，构建属地负责、部门监管、条块结合、上下联动的管理格局，共同做好湿地自然保护区保护管理工作。建立健全湿地保护执法制度。坚持重点打击和日常执法防范相结合，不定期排查保护区内与保护无关的建设活动并实行限期整改。坚决杜绝违反自然保护区条例规定的工程建设、旅游开发、设施农业建设、餐饮设施建设、工业厂房建设、开（围）垦、倾倒垃圾、排放生活污水和工业废水、损毁水土保持设施的行为；严厉打击炸鱼、毒鱼，在鸟类栖息地、越冬地、过境通道捕杀、倒卖鸟类，盲目引进外来物种等违法行为。

完善保护区监督机制。加强对政府和部门的执法监督，确保它们依法履行保护区的管理职责。通过加强人大、司法和社会舆论监督等，确保各项法律法规的顺利实施，保障自然保护区建设目标的实现。加大保护区生态环境督察力度，定期组织湿地自然保护区专项执

法检查，严肃查处违法违规活动，加强问责监督，并将考核评价结果纳入绩效考核。

3. 完善基础设施，提高科学监测能力

基础设施建设应充分利用现有的各项设施设备，不得重复建设。管护、科研、宣教、办公设施尽可能集中建设并兼顾各项功能。通过完善管理设施、交通设施、防火设施、巡护设施，使保护区的各项基础设施水平达到国家级自然保护区规范化建设标准。

加强保护区科学研究和监测工作的系统管理，结合实际，购置必要的科研设备和仪器。制订科研监测计划，建立科研监测体系，逐步建立信息化科学决策平台和应急指挥系统，实现用科技手段提升保护区的有效管护能力。

4. 开展社区共管，推动自然保护与社区经济的共同发展

社区参与自然保护区管理是自然保护区协调自然资源保护与区域经济发展的有效途径，也是自然保护区革新经营管理模式类型和拓展保护区伙伴关系的策略。自然保护区管理不是简单的管护，而是生态、经济、社会、政治的统一体，必须树立“自然保护区既不能成为经济开发区，也不能成为经济包袱区”的理念。在完善自然保护的前提下，应有效地发挥自然保护区的经济功能，对保护区所在地区的社会和经济发展作出全面的贡献。保护区要树立“完善的自然保护与高效的自然资源利用并举”的观念，进行资源保护性利用，从单纯的管理者和执法者身份向同时又是合作者的角色转变，采取多种形式开展社区共管工作，关心和积极扶持保护区周边社区的经济发展，形成社区共管的良好局面。社区共管一方面要使自然保护区的生物多样性得到保护，另一方面又要真正让社区居民从中受益。保护区可以通过提供市场信息、技术培训等多种渠道帮助社区居民发展经济。

5. 发展生态旅游，增强自然保护区的自养能力

生态旅游是自然保护区资源利用的一种产业形式，将保护和发展密切结合起来。实践证明，自然保护区只是采用传统的封闭式管理，不能解决保护与经济发展之间的矛盾，绝对保护也只能是消极的保护，不利于自然保护区的长远发展。在保护的前提下发展是自然保护区的新策略。生态旅游是大多数自然保护区选择的发展策略，自然保护区应在保护好资源的同时，合理开发旅游资源和开展生态旅游，创造经济发展机会，使自然保护区和周边的社区居民在经济上都受益，为自然保护区的有效管理提供支持。

6. 建立以政府投入为主，其他投资为辅的多种融资渠道

自然保护区是一项社会公益事业，不以营利为目的。自然保护区的资金投入机制决定着自然保护区事业发展的兴衰成败，保护区只有稳定的经费来源，才能持续、健康、快速地发展。因此，必须将自然保护区的经费纳入公共财政预算中，保证自然保护区有足够的经费，从根本上杜绝自然保护区“批而不建，建而不管”的现象。同时，保护区应该拓宽融资渠道，吸引社会资金，建立生态补偿基金，促进个人投资等。

附录

附表I 八仙山高等维管束植物名录

科名	科拉丁名	属名	属拉丁名	中名	学名
卷柏科	Selaginellaceae	卷柏属	*Selaginella*	蔓生卷柏	*Selaginella davidii*
				红枝卷柏	*Selaginella sanguinolenta*
				中华卷柏	*Selaginella sinensis*
				旱生卷柏	*Selaginella stauntoniana*
木贼科	Equisetaceae	木贼属	*Equisetum*	问荆	*Equisetum arvense*
				节节草	*Equisetum ramosissimum*
碗蕨科	Selaginellaceae	碗蕨属	*Dennstaedtia*	溪洞碗蕨	*Dennstaedtia wilfordii*
蕨科	Pteridiaceae	蕨属	*Dennstaedtia*	蕨	*Pteridium aquilinum*
中国蕨科	Sinopteridaceae	粉背蕨属	*Aleuritopteris*	银粉背蕨	*Aleuritopteris argentea*
				华北粉背蕨	*Aleuritopteris kuhnii*
				无银粉背蕨	*Aleuritopteris argentea* var.*obscura*
				北京粉背蕨	*Aleuritopteris niphobola* var. *pekingensis*
铁线蕨科	Adiantaceae	铁线蕨属	*Adiantum*	普通铁线蕨	*Adiantum edgewothii*
裸子蕨科	Hemionitidaceae	金毛裸蕨属	*Adiantum*	耳叶金毛裸蕨	*Gymnopteris bipinnata* var. *auriculata*
蹄盖蕨科	Athyriaceae	蹄盖蕨属	*Athyrium*	华北蹄盖蕨	*Athyrium pachyphlebium*
				麦秆蹄盖蕨	*Athyrium fallaciosum*
铁角蕨科	Aspleniaceae	铁角蕨属	*Asplenium*	北京铁角蕨	*Asplenium pekinense*
				华中铁角蕨	*Asplenium sarelii*
		过山蕨属	*Camptosorus*	过山蕨	*Camptosorus sibiricus*
岩蕨科	Protowoodsia	岩蕨属	*Woodsia*	密毛岩蕨	*Woodsia rosthorniana*
				膀胱岩蕨	*Woodsia.manehuriensis*
鳞毛蕨科	Dryopteridaceae	耳蕨属	*Polystichum*	鞭叶耳蕨	*Polystichum craspedosorum*
水龙骨科	Polypodiaceae	石韦属	*Pyrrosia*	北京石韦	*Pyrrosia davidii*
				有柄石韦	*Pyrrosia petiolosa*
松科	Pinaceae	油松属	*Pinus*	油松	*Pinus tabulaeformis*
柏科	Cupressaceae	侧柏属	*Platycladus*	侧柏	*Platycladus orientalis*
金粟兰科	Chloranthaceae	金粟兰属	*Chloranthus*	银线草	*Chloranthus japonicus*
杨柳科	Salicaceae	杨属	*Populus*	山杨	*Populus davidiana*

续表

科名	科拉丁名	属名	属拉丁名	中名	学名
				小叶杨	*Populus simonii*
				毛白杨	*Populus tomentosa*
		柳属	*Salix*	中国黄花柳	*Salix sinica*
				旱柳	*Salix matsudana*
胡桃科	Juglandaceae	桃楸属	*Juglans*	核桃楸	*Juglans mandshurica*
				核桃	*Juglans regia*
桦树科	Betulaceae	桦木属	*Betula*	白桦	*Betula platyphylla*
				坚桦	*Betula chinensis*
		鹅耳枥属	*Carpinus*	鹅耳枥	*Carpinus turczaninowii*
				千金榆	*Carpinus cordata*
		榛属	*Corylus*	榛	*Corylus heterophylla*
				毛榛	*Corylus mandshurica*
壳斗科	Fagaceae	栗属	*Castanea*	板栗	*Castanea mollissima*
		栎属	*Quercus*	麻栎	*Quercus acutissima*
				槲栎	*Quercus aliena*
				柞栎	*Quercus dentata*
				蒙古栎	*Quercus mongolica*
				栓皮栎	*Quercus variabilis*
				辽东栎	*Quercus wutaishanica*
榆科	Ulmaceae	朴属	*Celtis*	小叶朴	*Celtis bungeana*
				大叶朴	*Celtis koraiensis*
				黄果朴	*Celtis labilis*
		青檀属	*Pteroceltis*	青檀	*Pteroceltis tatarinowii*
		榆属	*Ulmus*	黑榆	*Ulmus davidiana*
				裂叶榆	*Ulmus laciniata*
				大果榆	*Ulmus macrocarpa*
				榔榆	*Ulmus parvifolia*
				榆	*Ulmus pumila*
桑科	Moraceae	构树属	*Broussonetia*	构树	*Broussonetia papyrifera*
		桑属	*Morus*	桑	*Morus alba*
				蒙桑	*Morus mongolica*
				山桑	*Morus mongolica* var. *diabolica*
		葎草属	*Humulus*	葎草	*Humulus scandens*
荨麻科	Urticaceae	蝎子草属	*Girardinia*	蝎子草	*Girardinia suborbiculata*
桑寄生科	Loranthaceae	桑寄生属	*Viscum*	槲寄生	*Viscum coloratum*
马兜铃科	Aristolochiaceae	马兜铃属	*Aristolochia*	北马兜铃	*Aristolochia contorta*

续表

科名	科拉丁名	属名	属拉丁名	中名	学名
蓼科	Polygonaceae	荞麦属	*Fagopyrum*	苦荞麦	*Fagopyrum tataricum*
		蓼属	*Polygonum*	萹蓄	*Polygonum aviculare*
				水蓼	*Polygonum hydropiper*
				酸模叶蓼	*Polygonum lapathifolium*
				绵毛酸模叶蓼	*Polygonum lapathifolium* var. *salicifolium*
				红蓼	*Polygonum orientale*
				杠板归	*Polygonum perfoliatum*
				丛枝蓼	*Polygonum posumbu*
				刺蓼	*Polygonum senticosum*
				箭叶蓼	*Polygonum sieboldii*
				戟叶蓼	*Polygonum thunbergii*
		翼蓼属	*Pteroxygonum*	翼蓼	*Pteroxygonum giraldii*
		酸模属	*Rumex*	皱叶酸模	*Rumex crispus*
				齿果酸模	*Rumex dentatus*
				巴天酸模	*Rumex patientia*
藜科	Chenopodiaceae	藜属	*Chenopodium*	藜	*Chenopodium album*
				小藜	*Chenopodium ficifolium*
				灰绿藜	*Chenopodium glaucum*
		地肤属	*Kochia*	地肤	*Kochia scoparia*
苋科		苋属	*Amaranthus*	凹头苋	*Amaranthus lividus*
				反枝苋	*Amaranthus retroflexus*
				皱果苋	*Amaranthus viridis*
马齿苋科	Portulacaceae	马齿苋属	*Portulaca*	马齿苋	*Portulaca oleracea*
石竹科	Caryophyllaceae	蚤缀属	*Arenaria*	灯心草蚤缀	*Arenaria juncea*
		石竹属	*Dianthus*	石竹	*Dianthus chinensis*
				瞿麦	*Dianthus superbus*
		丝石竹属	*Gypsoohila*	霞草	*Gypsoohila oldhamiana*
		剪秋罗属	*Lychnis*	剪秋萝	*Lychnis fulgens*
		孩儿参属	*Pseudostellaria*	蔓孩儿参	*Pseudostellaria davidii*
		蝇子草属	*Silene*	女娄菜	*Silene apricumr*
				粗壮女娄菜	*Silene firma*
				旱麦瓶草	*Silene jenisseensis*
		繁缕属	*Stellaria*	繁缕	*Stellaria media*
		麦蓝菜属	*Vaccaria*	麦蓝菜	*Vaccaria segetalis*
毛茛科	Ranunculaceae	乌头属	*Aconitum*	草乌	*Aconitum kusnezoffii*

续表

科名	科拉丁名	属名	属拉丁名	中名	学名
		类叶升麻属	*Actaea*	类叶升麻	*Actaea asiatica*
		耧斗菜属	*Aquilegia*	无距耧斗菜	*Aquilegia ecalcarata*
				短距耧斗菜	*Aquilegia ecalcarata. f.semicalcarata*
				耧斗菜	*Aquilegia viridiflora*
				华北耧斗菜	*Aquilegia yabea na*
		升麻属	*Cimicifuga*	兴安升麻	*Cimicifuga dahurica*
		铁线莲属	*Clematis*	粗齿铁线莲	*Clematis argentilucida*
				短尾铁线莲	*Clematis brevicaudata*
				大叶铁线莲	*Clematis heracleifolia*
				棉团铁线莲	*Clematis hexapetala*
				羽叶铁线莲	*Clematis pinnata*
		白头翁属	*Pulsatilla*	白头翁	*Pulsatilla chinensis*
		毛茛属	*Ranunculus*	茴茴蒜	*Ranunculus chinensis*
		唐松草属	*Thalictrum*	丝叶唐松草	*Thalictrum foeniculaceum*
				东亚唐松草	*Thalictrum minus* var. *hypoleucum*
小檗科	Berberidaceae	小檗属	*Berberis*	细叶小檗	*Berberis poiretii*
		类叶牡丹属	*Caulophyllum*	类叶牡丹	*Caulophyllum robustum*
防己科	Menispermaceae	蝙蝠葛属	*Menispermum*	蝙蝠葛	*Menispermum dauricum*
木兰科	Magnoliaceae	五味子属	*Schisandra*	北五味子	*Schisandra chinensis*
罂粟科	Papaveraceae	白屈菜属	*Chelidonium*	白屈菜	*Chelidonium majus*
		紫堇属	*Corydalis*	河北黄堇	*Corydalis chanetiiLev*
				球果黄堇	*Corydalis pallidapers* var. *speciosa*
十字花科	Brassicaceae	荠属	*Capsella*	荠	*Capsella bursa-pastoris*
		碎米荠属	*Cardamine*	白花碎米荠	*Cardamine leucantha*
		播娘蒿属	*Descurainia*	播娘蒿	*Descurainia sophia*
		花旗竿属	*Dontostemon*	花旗竿	*Dontostemon detatus*
		独行菜属	*Lepidium*	独行菜	*Lepidium apetalum*
		诸葛菜属	*Orychophragmus*	诸葛菜	*Orychophragmus violaceus*
		蔊菜属	*Rorippa*	风花菜	*Rorippa globosa*
				沼生蔊菜	*Rorippa islandica*
景天科	Crassulaceae	火焰草属	*Castilleja*	火焰草	*Castilleja pallida*
		瓦松属	*Orostachys*	瓦松	*Orostachys fimbriatus*
				钝叶瓦松	*Orostachys malacophyllus*
				小瓦松	*Orostachys minutus*

续表

科名	科拉丁名	属名	属拉丁名	中名	学名
		景天属	*Sedum*	景天三七	*Sedum aizoon*
虎耳草科	Saxifragaceae	红升麻属	*Astilbe*	落新妇	*Astilbe chinensis*
		溲疏属	*Deutzia*	大花溲疏	*Deutzia grandiflora*
				小花溲疏	*Deutzia parviflora*
		八仙花属	*Hydrangea*	东陵八仙花	*Hydrangea bretschneideri*
		独根草属	*Oresitrophe*	独根草	*Oresitrophe rupifraga*
		山梅花属	*Philadelphus*	太平花	*Philadelphus pekinensis*
		茶藨子属	*Ribes*	东北茶藨子	*Ribes mandshuricum*
		虎耳草属	*Saxifraga*	球茎虎耳草	*Saxifraga sibirica*
蔷薇科	Rosaceae	龙牙草属	*Agrimonia*	龙牙草	*Agrimonia pilosa*
		樱属	*Cerasus*	毛樱桃	*Cerasus tomentosa*
		山楂属	*Crataegus*	山楂	*Crataegus pinnatifida*
				山里红	*Crataegus pinnatifidavar.major*
		蛇莓属	*Duchesnea*	蛇莓	*Duchesnea indica*
		水杨梅属	*Geum*	水杨梅	*Geum aleppicum*
		苹果属	*Malus*	沙果	*Malus asiatica*
				山荆子	*Malus baccata*
				楸子	*Malus prunifolia*
				苹果	*Malus pumila*
		委陵菜属	*Potentilla*	委陵菜	*Potentilla chinensis*
				翻白草	*Potentilla discolor*
				匍枝委陵菜	*Potentilla flagellaris*
				莓叶委陵菜	*Potentilla fragarioides*
				多茎委陵菜	*Potentilla multicaulis*
				多裂委陵菜	*Potentilla multifida*
				朝天委陵菜	*Potentilla supina*
		李属	*Prunus*	桃	*Prunus davidiana*
				山桃	*Prunus davidiana*
				欧李	*Prunus humilis*
				西伯利亚杏	*Prunus sibirica*
		梨属	*Pyrus*	杜梨	*Pyrus betulifolia*
		悬钩子属	*Rubus*	牛迭肚	*Rubus crataegifolius*
		地榆属	*Sanguisorba*	地榆	*Sanguisorba officinalis*
		花楸属	*Sorbus*	水榆花楸	*Sorbus alnifolia*
		绣线菊属	*Spiraea*	土庄绣线菊	*Spiraea pubescens*
				三裂绣线菊	*Spiraea trilobata*

续表

科名	科拉丁名	属名	属拉丁名	中名	学名
豆科	Leguminosae	合欢属	*Albizia*	山合欢	*Albizia kalkora*
		两型豆属	*Amphicarpaea*	二籽两型豆	*Amphicarpaea trisperma*
		黄耆属	*Astragalus*	直立黄耆	*Astragalus adsurgens*
				达乌里黄耆	*Astragalus dahuricus*
				荚膜黄耆	*Astragalus membranaceus*
				蒙古黄耆	*Astragalus mongolicus*
		杭子梢属	*Campylotropis*	杭子梢	*Campylotropis macrocarpa*
		锦鸡儿属	*Caragana*	树锦鸡儿	*Caragana arborescens*
				小叶锦鸡儿	*Caragana microphylla*
				红花锦鸡儿	*Caragana rosea*
				锦鸡儿	*Caragana sinica*
		决明属	*Cassia*	豆茶决明	*Cassia nomame*
		野百合属	*Crotalaria*	野百合	*Crotalaria sessiliflora*
		大豆属	*Glycine*	野大豆	*Glycine soja*
		米口袋属	*Gueldenstaedtia*	米口袋	*Gueldenstaedtia verna*
		木蓝属	*Inddigofera*	本氏木蓝	*Inddigofera bungeana*
				花木蓝	*Indigofera kirilowii*
		鸡眼草属	*Kummerowia*	鸡眼草	*Kummerowia striata*
		香豌豆属	*Lathyrus*	江茫香豌豆	*Lathyrus davidii*
		胡枝子属	*Lespedeza*	胡枝子	*Lespedeza bicolor*
				达乌里胡枝子	*Lespedeza davurica*
				多花胡枝子	*Lespedeza floribunda*
				白指甲花	*Lespedeza inschanica*
				细梗胡枝子	*Lespedeza virgata*
		草木樨属	*Melilotus*	白香草木樨	*Melilotus albus*
				黄香草木樨	*Melilotus officinalis*
		棘豆属	*Oxytropis*	硬毛棘豆	*Oxytropis fetissovii*
		葛属	*Pueraria*	葛	*Pueraria lobata*
		洋槐属	*Robinia*	刺槐	*Robinia pseudoacacia*
		槐属	*Sophora*	苦参	*Sophora flavescens*
				槐树	*Sophora japonica*
		野豌豆属	*Vicia*	假香野豌豆	*Vicia pseudorobus*
				歪头菜	*Vicia unijuga*
酢浆草科	Oxalidaceae	酢浆草属	*Oxalis*	直酢浆草	*Oxalis corniculatavar.stricta*
				酢浆草	*Oxalis corniculata*

续表

科名	科拉丁名	属名	属拉丁名	中名	学名
牻牛儿苗科	Geraniaceae	牻牛儿苗属	*Erodium*	牻牛儿苗	*Erodium stephanianum*
		老鹳草属	*Geranium*	鼠掌老鹳草	*Geranium sibiricum*
				老鹳草	*Geranium wilfordii*
亚麻科	Linaceae	亚麻属	*Linum*	野亚麻	*Linum stelleroides*
芸香科	Rutaceae	吴茱萸属	*Evodia*	吴茱萸	*Evodia daniellii*
		黄檗属	*Phellodendron*	黄檗	*Phellodendron amurense*
		花椒属	*Zanthoxylum*	花椒	*Zanthoxylum bungeanum*
				崖椒	*Zathoxvlum schinifolium*
苦木科	Simaroubaceae	臭椿属	*Ailanthus*	臭椿	*Ailanthus altissima*
		苦木属	*Picrasma*	苦木	*Picrasma quassioides*
楝科	Meliaceae	香椿属	*Toona*	香椿	*Toona sinensis*
远志科	Polygalaceae	远志属	*Polygala*	西伯利亚远志	*Polygala sibirica*
				远志	*Polygala tenuifolia*
		远志属	*Polygala*	小扁豆	*Polygala tatarinowii*
大戟科	Euphorbiaceae	铁苋菜属	*Acalypha*	铁苋菜	*Acalypha australis*
				短穗铁苋菜	*Acalypha brachystachya*
		大戟属	*Euphorbia*	地锦	*Euphorbia humifusa*
				猫眼草	*Euphorbia lunulata*
				京大戟	*Euphorbia pekinensis*
		雀儿舌头属	*Leptopus*	雀儿舌头	*Leptopus chinensis*
		叶下珠属	*Phyllanthus*	叶下珠	*Phyllanthus urinaria*
		一叶荻属	*Securinega*	一叶荻	*Securinega suffruticosa*
漆树科	Anacardiaceae	黄栌属	*Cotinus*	黄栌	*Cotinus coggygria*
		盐肤木属	*Rhus*	盐肤木	*Rhus chinensis*
				火炬树	*Rhus typhina*
卫矛科	Celastraceae	南蛇藤属	*Celastrus*	南蛇藤	*Celastrus orbiculatus*
				刺苞南蛇藤	*Celastrus flagellaris*
		卫矛属	*Euonymus*	卫矛	*Euonymus alatus*
槭树科	Aceraceae	槭属	*Acer*	色木槭	*Acer mono*
				平基槭	*Acer truncatum*
				茶条槭	*Acer ginnala*
				葛萝槭	*Acer grosseri*
无患子科	Sapindaceae	栾树属	*Koelreuteria*	栾树	*Koelreuteria paniculata*
		文冠果属	*Xanthoceras*	文冠果	*Xanthoceras sorbifolia*
凤仙花科	Balsaminaceae	凤仙花属	*Impatiens*	水金凤	*Impatiens noli-tangere*

续表

科名	科拉丁名	属名	属拉丁名	中名	学名
				东北凤仙花	*Impatiens furcillata*
鼠李科	Rhamnaceae	鼠李属	*Rhamnus*	圆叶鼠李	*Rhamnus globosa*
			Rhamnus	小叶鼠李	*Rhamnus parvifolia*
			Rhamnus	东北鼠李	*Rhamnus schneideri* var. *manshurica*
		枣属	*Ziziphus*	枣	*Ziziphus jujuba*
			Ziziphus	酸枣	*Ziziphus jujuba*var. *spinosa*
葡萄科	Vitaceae	蛇葡萄属	*Ampelopsis*	乌头叶蛇葡萄	*Ampelopsis aconitifolia*
			Ampelopsis	葎叶蛇葡萄	*Ampelopsis humulifolia*
		爬山虎属	*Parthenocissus*	爬山虎	*Parthenocissus tricuspidata*
		山葡萄属	*Vitis*	山葡萄	*Vitis amurensis*
			Vitis	葡萄	*Vitis quinquangularis*
椴树科	Tiliaceae	田麻属	*Corchoropsis*	光果田麻	*Corchoropsis psilocarpa*
		扁担杆属	*Grewia*	扁担杆	*Grewia biloba*
		椴属	*Tilia*	糠椴	*Tilia mandshurica*
				蒙椴	*Tilia mongolica*
				紫椴	*Tilia amurensis*
锦葵科	Malvaceae	苘麻属	*Abutilon*	苘麻	*Abutilon theophrasti*
		木槿属	*Hibiscus*	野西瓜苗	*Hibiscus trionum*
猕猴桃科	Actinidiaceae	猕猴桃属	*Actinidia*	软枣猕猴桃	*Actinidia arguta*
				木天蓼	*Actinidia polygama*
藤黄科	Guttiferae	金丝桃属	*Hypericum*	金丝蝴蝶	*Hypericum ascyron*
堇菜科	Violaceae	堇菜属	*Viola*	鸡腿堇菜	*Viola acuminata*
				球果堇菜	*Viola collina*
				紫花地丁	*Viola philippica*
				早开堇菜	*Viola prioantha*
				深山堇菜	*Viola selkirkii*
				斑叶堇菜	*Viola variegata*
秋海棠科	Begoniaceae	秋海棠属	*Begonia*	中华秋海棠	*Begonia grandis*
胡颓子科	Elaeagnaceae	胡颓子属	*Elaeagnus*	沙枣	*Elaeagnus angustifolia*
			Elaeagnus	牛奶子	*Elaeagnus umbellata*
千屈菜科	Lythraceae	千屈菜属	*Lythrum*	千屈菜	*Lythrum salicaria*
柳叶菜科	Onagraceae	柳叶菜属	*Epilobium*	柳兰	*Epilobium angustifolium*
			Epilobium	柳叶菜	*Epilobium hirsutum*
		月见草属	*Oenothera*	月见草	*Oenothera biennis*
			Acanthopanax	无梗五加	*Acanthopanax sessiliflorus*

续表

科名	科拉丁名	属名	属拉丁名	中名	学名
		楤木属	*Aralia*	辽东楤木	*Aralia elata*
		刺楸属	*Kalopanax*	刺楸	*Kalopanax septemlobus*
伞形科	Umbelliferae	当归属	*Angelica*	拐芹	*Angelica polymorpha*
		柴胡属	*Bupleurum*	北柴胡	*Bupleurum chinense*
				狭叶柴胡	*Bupleurum scorzonerifolium*
		葛缕子属	*Carum*	河北葛缕子	*Carum bretschneideri*
		蛇床属	*Cnidium*	蛇床	*Cnidium monnieri*
		独活属	*Heracleum*	短毛独活	*Heracleum moellendorffii*
		藁本属	*Ligusticum*	辽藁本	*Ligusticum jeholense*
		前胡属	*Peucedanum*	石防风	*Peucedanum terebinthaceum*
		变豆菜属	*Sanicula*	变豆菜	*Sanicula chinensis*
		防风属	*Saposhnikovia*	防风	*Saposhnikovia divaricata*
		泽芹属	*Sium*	泽芹	*Sium suave*
		水芹属	*Oenanthe*	水芹	*Oenanthe javanica*
山茱萸科	Cornaceae	山茱萸属	*Swida*	沙梾	*Swida bretchneideri*
				毛梾木	*Swida walteri*
杜鹃花科	Ericaceae	杜鹃花属	*Rhododendron*	照山白	*Rhododendron micranthum*
				迎红杜鹃	*Rhododendron mucronulatum*
报春花科	Primulaceae	点地梅属	*Androsace*	点地梅	*Androsace umbellata*
		珍珠菜属	*Lysimachia*	狼尾花	*Lysimachia barystachys*
				狭叶珍珠菜	*Lysimachia pentapetala*
柿树科	*Ebenaceae*	柿树属	*Diospyros*	柿树	*Diospyros kaki*
				黑枣	*Diospyros lotus*
山矾科	Symplocaceae	山矾属	*Symplocos*	白檀	*Symplocos paniculata*
木犀科	Oleaceae	梣属	*Fraxinus*	大叶白蜡	*Fraxinus rhynchophylla*
				河北白蜡	*Fraxinus rhynchophylla* var. *hopeiensis*
				白蜡树	*Fraxinus chinensis*
		丁香属	*Syringa*	暴马丁香	*Syringa reticulata* var. *amurensis*
				北京丁香	*Syringa pekinensis*
龙胆科	Gentianaceae	龙胆属	*Gentiana*	笔龙胆	*Gentiana zollingeri*
		獐牙菜属	*Swertia*	当药	*Swertia dilute*
萝藦科	Asclepiadaceae	白前属	*Cynanchum*	白薇	*Cynanchum atratum*
				牛皮消	*Cynanchum auriculatum*
				白首乌	*Cynanchum bungei*
				鹅绒藤	*Cynanchum chinense*

续表

科名	科拉丁名	属名	属拉丁名	中名	学名
				徐长卿	*Cynanchum paniculatum*
				地梢瓜	*Cynanchum thesioides*
				变色白前	*Cynanchum versicolor*
				隔山消	*Cynanchum wilfordii*
		萝藦属	*Metaplexis*	萝藦	*Metaplexis japonica*
		杠柳属	*Periploca*	杠柳	*Periploca sepium*
旋花科	Convolvulaceae	田旋花属	*Convolvulus*	田旋花	*Convolvulus arvensis*
		菟丝子属	*Cuscuta*	菟丝子	*Cuscuta chinensis*
		牵牛属	*Pharbitis*	牵牛	*Pharbitis nil*
				圆叶牵牛	*Pharbitis purpurea*
紫草科	Boraginaceae	斑种草属	*Bothriospermum*	斑种草	*Bothriospermum chinense*
				多苞斑种草	*Bothriospermum secundum*
		附地菜属	*Trigonotis*	附地菜	*Trigonotis peduncularis*
马鞭草科	Verbenaceae	牡荆属	*Vitex*	荆条	*Vitex negundo* var. *heterophylla*
		紫珠属	*Callicarpa*	白棠子树	*Callicarpa dichotoma*
唇形科	Labiatae	藿香属	*Agastache*	藿香	*Agastache rugosa*
		水棘针属	*Amethystea*	水棘针	*Amethystea caerulea*
		香薷属	*Elsholtzia*	香薷	*Elsholtzia ciliata*
				木本香薷	*Elsholtzia stauntoni*
		夏至草属	*Lagopsis*	夏至草	*Lagopsis supina*
		益母草属	*Leonurus*	大花益母草	*Leonurus macranthus*
				益母草	*Leonurus japonicus*
				细叶益母草	*Leonurus sibiricus*
		糙苏属	*Phlomis*	糙苏	*Phlomis umbrosa*
		香茶菜属	*Rabdosia*	内折香茶菜	*Rabdosia inflexa*
				蓝萼香茶菜	*Rabdosia japonica* var. *glaucocalyx*
		鼠尾草属	*Salvia*	丹参	*Salvia miltiorrhiza*
				雪见草	*Salvia plebeia*
		黄芩属	*Scutellaria*	黄芩	*Scutellaria baicalensis*
				地笋	*Scutellaria baicalensis*
		百里香属	*Thymus*	百里香	*Thymus mongolicus*
茄科	Solanaceae	曼陀罗属	*Datura*	曼陀罗	*Datura stramonium*
		酸浆属	*Physalis*	酸浆	*Physalis alkekengi*
		散血丹属	*Physaliastrum*	日本散血丹	*Physaliastrum japonicum*
		茄属	*Solanum*	野海茄	*Solanum japonense*

续表

科名	科拉丁名	属名	属拉丁名	中名	学名
				龙葵	*Solanum nigrum*
				海桐叶白英	*Solanum pittosporifolium*
玄参科	Scrophulariaceae	角蒿属	*Incarvillea*	角蒿	*Incarvillea sinensis*
		通泉草属	*Mazus*	通泉草	*Mazus japonicus*
				弹刀子草	*Mazus stachydifolius*
		松蒿属	*Phtheirospermum*	松蒿	*Phtheirospermum japonicum*
		地黄属	*Rehmannia*	地黄	*Rehmannia glutinosa*
		阴行草属	*Siphonostegia*	阴行草	*Siphonostegia chinensis*
		婆婆纳属	*Veronica*	北水苦荬	*Veronica anagallis-aquatica*
				光果婆婆纳	*Veronica rockii*
列当科	Orobanchaceae	列当属	*Orobanche*	列当	*Orobanche coerulescens*
				黄花列当	*Orobanche pycnostachya*
苦苣苔科	Gesneriaceae	牛耳草属	*Boea*	牛耳草	*Boea hygrometrica*
透骨草科	Phrymaceae	透骨草属	*Phryma*	透骨草	*Phryma leptostachyaasiatica*
车前科	Plantaginaceae	车前属	*Plantago*	平车前	*Plantago depressa*
			Plantago	车前	*Plantago asiatica*
茜草科	Rubiaceae	车叶草属	*Asperula*	异叶轮草	*Asperula maximowiczii*
				卵叶轮草	*Asperula platygalium*
		猪殃殃属	*Galium*	四叶葎	*Galium bungei*
				狭叶砧草	*Galium boreale* var. *angustifolium*
		茜草属	*Rubia*	中国茜草	*Rubia chinensis*
				茜草	*Rubia cordifolia*
		薄皮木属	*Leptodermis*	薄皮木	*Leptodermis oblonga*
忍冬科	Caprifoliaceae	六道木属	*Abelia*	六道木	*Abelia biflora*
		忍冬属	*Lonicera*	刚毛忍冬	*Lonicera hispida*
			Lonicera	忍冬	*Lonicera japonica*
		接骨木属	*Sambucus*	接骨木	*Sambucus williamsii*
		锦带花属	*Weigela*	锦带花	*Weigela florida*
败酱科	Valerianaceae	败酱属	*Parinia*	异叶败酱	*Parinia heterophylla*
				糙叶败酱	*Patrinia rupestris*
				黄花龙芽	*Patrinia scabiosaefolia*
桔梗科	Campanulaceae	沙参属	*Adenophora*	展枝沙参	*Adenophora divaricata*
				紫沙参	*Adenophora paniculata*
				石沙参	*Adenophora polyantha*
				轮叶沙参	*Adenophora tetraphylla*
				荠苨	*Adenophora trachelioides*

续表

科名	科拉丁名	属名	属拉丁名	中名	学名
				多歧沙参	*Adenophora wawreana*
		羊乳属	*Codonopsis*	羊乳	*Codonopsis lanceolata*
		桔梗属	*Platycodon*	桔梗	*Platycodong randiflorus*
菊科	Compositae	蒿属	*Artemisia*	黄花蒿	*Artemisia annua*
				艾蒿	*Artemisia argyi*
				狭叶青蒿	*Artemisia dracunculus*
				无毛牛尾蒿	*Artemisia dubia* var. *subdigitata*
				南牡蒿	*Artemisia eriopoda*
				牡蒿	*Artemisia japonica*
				蒙古蒿	*Artemisia mongolica*
				红足蒿	*Artemisia rubripes*
				白莲蒿	*Artemisia sacrorum*
				猪毛蒿	*Artemisia scoparia*
				大籽蒿	*Artemisia sieversiana*
		紫菀属	*Aster*	三脉紫菀	*Aster ageratoides*
				紫菀	*Aster tataricus*
		苍术属	*Atractylodes*	苍术	*Atractylodes lancea*
		鬼针草属	*Bidens*	狼把草	*Bidens tripartita*
				小花鬼针草	*Bidens parviflora*
				鬼针草	*Bidens pilosa*
		天名精属	*Carpesium*	烟管头草	*Carpesium cernuum*
		飞廉属	*Carduus*	飞廉	*Carduus crispus*
		蓟属	*Cirsium*	刺儿菜	*Cirsium segetum*
				魁蓟	*Cirsium leo*
		菊属	*Dendranthema*	小红菊	*Dendranthema chanetii*
				野菊	*Dendranthema indicum*
				甘菊	*Dendranthema lavandulifolium*
				紫花野菊	*Dendranthema zawadskii*
		东风菜属	*Doellingeria*	东风菜	*Doellingeria scaber*
		泽兰属	*Eupatorium*	泽兰	*Eupatorium japonicum*
		狗哇花属	*Heteropappus*	阿尔泰狗哇花	*Heteropappus altaicus*
				狗哇花	*Heteropappus hispidus*
		旋覆花属	*Inula*	旋覆花	*Inula japonica*
		苦荬菜属	*Ixeris*	山苦荬	*Ixeris chinensis*
				抱茎苦荬菜	*lxeris sonchifolia*
				秋苦荬菜	*lxeris denticulata*

续表

科名	科拉丁名	属名	属拉丁名	中名	学名
		莴苣属	*Lactuca*	蒙山莴苣	*Lactuca tatarica*
				山莴苣	*Lagedium sibiricum*
		大丁草属	*Leibnitzia*	大丁草	*Leibnitzia anandria*
		火绒草属	*Leontopodium*	火绒草	*Leontopodium leontopodioides*
		橐吾属	*Ligularia*	狭苞橐吾	*Ligularia intermedia*
		蚂蚱腿子属	*Myripnois*	蚂蚱腿子	*Myripnois dioica*
		盘果菊属	*Prenanthes*	盘果菊	*Prenanthes tatarinowii*
		毛连菜属	*Picris*	毛连菜	*Picris japonica*
		风毛菊属	*Saussurea*	篦苞风毛菊	*Saussurea pectinata*
				风毛菊	*Saussurea japonica*
				银背风毛菊	*Saussurea nivea*
		鸦葱属	*Scorzonera*	鸦葱	*Scorzonera austriaca*
				桃叶鸦葱	*Scorzonera sinensis*
		稀莶属	*Siegesbeckia*	腺梗稀莶	*Siegesbeckia pubescens*
		巨荬菜属	*Sonchus*	巨荬菜	*Sonchus brachyotus*
		漏芦属	*Stemmacantha*	祁州漏芦	*Stemmacantha uniflora*
		蒲公英属	*Taraxacum*	白花蒲公英	*Taraxacum leucanthum*
				蒲公英	*Taraxacum mongolicum*
		狗舌草属	*Tephroseris*	狗舌草	*Tephroseris kirilowii*
		女菀属	*Turczaninowia*	女菀	*Turczaninowia fastigiata*
		百日菊属	*Zinnia*	疏花百日菊	*Zinnia pauciflora*
				多花百日菊	*Zinnia peruviana*
泽泻科	Alismataceae	泽泻属	*Alisma*	泽泻	*Alisma orientale*
禾本科	Gramineae	芨芨草属	*Achnatherum*	远东芨芨草	*Achnatherum fextremiorientale*
			Achnatherum	京芒草	*Achnatherum pekinense*
		看麦娘属	*Alopecurus*	看麦娘	*Alopecurus aequalis*
		荩草属	*Arthraxon*	荩草	*Arthraxon hispidus*
		孔颖草属	*Bothriochloa*	白羊草	*Bothriochloa ischcemum*
		细柄草属	*Capillipedium*	细柄草	*Capillipedium parviflorum*
		虎尾草属	*Chloris*	虎尾草	*Chloris virgata*
		隐子草属	*Cleistogenes*	多叶隐子草	*Cleistogenes polyphylla*
				北京隐子草	*Cleistogenes hancei*
		野青茅属	*Deyeuxia*	野青茅	*Deyeuxia arundinacea*
				房县野青茅	*Deyeuxia henryi*
		马唐属	*Digitaria*	止血马唐	*Digitaria ischaemum*
				马唐	*Digitaria sanguinalis*

续表

科名	科拉丁名	属名	属拉丁名	中名	学名
		蟋蟀草属	*Eleusine*	蟋蟀草	*Eleusine indica*
		画眉草属	*Eragrostis*	大画眉草	*Eragrostis cilianensis*
				小画眉草	*Eragrostis minor*
		白茅属	*Imperata*	白茅	*Imperata cylindrica*
		柳叶箬属	*Isachne*	柳叶箬	*Isachne globosa*
		赖草属	*Leymus*	羊草	*Leymus chinensis*
		臭草属	*Melica*	臭草	*Melica scabrosa*
				华北臭草	*Melica onoei*
		求米草属	*Oplismenus*	求米草	*Oplismenus undulatifolius*
		狼尾草属	*Pennisetum*	狼尾草	*Pennisetum alopecuroides*
		虉草属	*Phalaris*	虉草	*Phalaris arundinacea*
		芦苇属	*Phragmites*	芦苇	*Phragmites australis*
		早熟禾属	*Poa*	蔺状早熟禾	*Poa schoenites*
				华灰早熟禾	*Poa sinoglauca*
				硬质早熟禾	*Poa sphondylodes*
		鹅观草属	*Roegneria*	纤毛鹅观草	*Roegneria ciliaris*
				鹅观草	*Roegneria kamoji*
		裂稃草属	*Schizachyrium*	裂稃草	*Schizachyrium brevifolium*
		狗尾草属	*Setaria*	狗尾草	*Setaria viridis*
				金色狗尾草	*Setaria glauca*
		大油芒属	*Spodiopogon*	大油芒	*Spodiopogon sibiricus*
		针茅属	*Stipa*	长芒草	*Stipa bungeana*
		菅属	*Themeda*	黄背草	*Themeda japonica*
		草沙蚕属	*Tripogon*	中华草沙蚕	*Tripogon chinensis*
莎草科	Cyperaceae	苔草属	*Carex*	矮丛苔草	*Carex humilis* var. *nana*
				披针叶苔草	*Carex lancifolia*
				尖嘴苔草	*Carex leioerhyncha*
				翼果苔草	*Carex neurocarpa*
				宽叶苔草	*Carex siderosticta*
				东陵苔草	*Carex tangiana*
		莎草属	*Cyperus*	异性莎草	*Cyperus difformis*
				碎米莎草	*Cyperus iria*
				黄颖莎草	*Cyperus microiria*
		藨草属	*Scirpus*	扁杆藨草	*Scirpus planiculmis*
天南星科	Araceae	天南星属	*Arisatma*	东北天南星	*Arisatma amurense*
				一把伞天南星	*Arisatma erubescens*

续表

科名	科拉丁名	属名	属拉丁名	中名	学名
		独角莲属	*Typhonium*	独角莲	*Typhonium giganteum*
		半夏属	*Pinellia*	半夏	*Pinellia ternata*
鸭跖草科	Commelinaceae	鸭跖草属	*Commelina*	鸭跖草	*Commelina communis*
				饭包草	*Commelina benghalensis*
		竹叶子属	*Streptolirion*	竹叶子	*Streptolirion volubile*
百合科	Liliaceae	葱属	*Allium*	薤白	*Allium macrostemon*
				山韭	*Allium senescens*
				球序韭	*Allium thunbergii*
				茖葱	*Allium victorialis*
		知母属	*Anemarrhena*	知母	*Anemarrhena asphodeloides*
		天门冬属	*Asparagus*	兴安天门冬	*Asparagus dauricus*
				曲枝天门冬	*Asparagus trichophyllus*
		铃兰属	*Convallaria*	铃兰	*Convallaria majalis*
		萱草属	*Hemerocallis*	黄花菜	*Hemerocallis citrina*
				小黄花菜	*Hemerocallis minor*
		百合属	*Lilium*	卷丹	*Lilium concolorlancifolium*
				渥丹	*Lilium concolor*
				山丹	*Lilium pumilum*
		山麦冬属	*Liriope*	山麦冬	*Liriope spicata*
		舞鹤草属	*Maianthemum*	舞鹤草	*Maianthemum bifolium*
		黄精属	*Polygonatum*	小玉竹	*Polygonatum humile*
				热河黄精	*Polygonatum macropodium*
				玉竹	*Polygonatum odoratum*
				黄精	*Polygonatum sibiricum*
		绵枣儿属	*Scilla*	绵枣儿	*Scilla scilloides*
		鹿药属	*Smilacina*	鹿药	*Smilacina japonica*
		油点草属	*Tricyrtis*	黄花油点草	*Tricyrtis maculata*
		藜芦属	*Veratrum*	藜芦	*Veratrum nigrum*
薯蓣科	Dioscoreaceae	薯蓣属	*Dioscorea*	穿山薯蓣	*Dioscorea nipponica*
				薯蓣	*Dioscorea opposita*
鸢尾科	Iridaceae	鸢尾属	*Iris*	野鸢尾	*Iris dichotoma*
				矮紫苞鸢尾	*Iris ruthenicavar.nana*
		射干属	*Belamcanda*	射干	*Belamcanda chinensis*
兰科	Orchidaceae	羊耳蒜属	*Liparis*	羊耳蒜	*Liparis japonica*
		绶草属	*Spiranthes*	绶草	*Spiranthes sinensis*
		舌唇兰属	*Platanthera*	二叶舌唇兰	*Platanthera chlorantha*

附表Ⅱ　北大港湿地类型自然保护区维管束植物名录

序号	科名	属名	种名	学名	生活型
1	杨柳科	杨属	山杨	*Populus davidiana*	落叶乔木
2		柳属	旱柳	*Salix matsudana*	落叶乔木
3	榆科	榆属	榆树	*Ulmus pumila*	落叶乔木
4	桑科	桑属	桑树	*Moru salba*	落叶乔木或灌木
5		葎草属	葎草	*Humulus scandens*	多年生攀缘草本
6	蓼科	蓼属	柳叶刺蓼	*Polygonum bungeanum*	一年生草本
7			萹蓄	*Polygonum aviculare*	一年生草本
8			红蓼	*Polygonum orientale*	一年生草本
9		酸模属	酸模叶蓼	*Polygonum lapathifolium*	一年生草本
10			西伯利亚蓼	*Polygonum sibiricum*	多年生草本
11			水蓼	*Polygonum hydropiper*	一年生草本
12			巴天酸模	*Rumex patientia*	多年生草本
13			齿果酸模	*Rumex dentatus*	多年生草木
14			长刺酸模	*Rumex trisetifer*	一年生草本
15	藜科	盐角草属	盐角草	*Salicornia europaea*	一年生草本
16		藜属	灰绿藜	*Chenopodium glaucum*	一年生草木
17			大叶藜	*Chenopodium hybridum*	一年生草本
18			尖头叶藜	*Chenopodium acuminatum*	一年生草本
19			藜	*Chenopodium album*	一年生草本
20		地肤属	地肤	*Kochia scoparia*	一年生草本
21		碱蓬属	碱蓬	*Suaeda glauca*	一年生草本
22			盐地碱蓬	*Suaeda salsa*	多年生草本
23		猪毛菜属	猪毛菜	*Salsola collina*	一年生草本
24		滨藜属	滨藜	*Atriplex patens*	一年生草本
25			中亚滨藜	*Atriplex centralasiatica*	一年生草本
26	苋科	苋属	苋	*Amaranthus tricolor*	一年生草本
27			凹头苋	*Amaranthus lividus*	一年生草本
28			反枝苋	*Amaranthus retroflexus*	一年生草本
29			皱果苋	*Amaranthus viridis*	一年生草本
30	马齿苋科	马齿苋属	马齿苋	*Portulaca oleracea*	一年生草本
31	石竹科	鹅肠菜属	鹅肠菜	*Myosoton aquaticum.*	多年生草本
32	金鱼藻科	金鱼藻属	金鱼藻	*Ceratophyllum demersum*	多年生沉水草本

续表

序号	科名	属名	种名	学名	生活型
33	十字花科	芸薹属	白菜(人工)	*Brassica pekinensis*	二年生草本
34		萝卜属	萝卜(人工)	*Raphanus sativus*	一二年生草本
35		独行菜属	独行菜	*Lepidium apetalum*	一二年生草本
36		匙芥属	匙芥	*Bunias cochlearioides*	二年生草本
37		荠属	荠菜	*Capsella bursa-pastoris*	一二年生草本
38		蔊菜属	风花菜	*Rorippa globosa*	一二年生草本
39			沼生蔊菜	*Rorippa islandica*	一二年生草本
40		盐芥属	盐芥	*Thellungiella salsuginea*	一年生草本
41		播娘蒿属	播娘蒿	*Descurainia sophia*	一年生草本
42	蔷薇科	委陵菜属	朝天委陵菜	*Potentilla supina*	一二年生草本
43			委陵菜	*Potentilla chinensis*	多年生草本
44		杏属	山杏	*Armeniaca sibirica*	灌木、小乔木
45		桃属	碧桃(人工)	*Amygdalus persica*	乔木
46			榆叶梅(人工)	*Amygdalustriloba*	灌木、小乔木
47	豆科	槐属	国槐(人工)	*Sophora japonica*	乔木
48		苜蓿属	紫苜蓿	*Medicago sativa*	多年生草本
49		木樨属	草木樨	*Melilotus officinalis*	二年生草本
50		紫穗槐属	紫穗槐	*Amorpha fruticosa*	落叶灌木
51		刺槐属	刺槐	*Robinia pseudoacacia*	落叶乔木
52		米口袋属	狭叶米口袋	*Gueldenstaedtia stenophylla*	多年生草本
53		膨果豆属	背扁膨果豆	*Phyllolobium chinense*	多年生草本
54		胡枝子属	兴安胡枝子	*.Lespedeza davurica*	草本状半灌木
55		大豆属	野大豆	*Glycine soja*	一年生缠绕草本
56		菜豆属	山绿豆	*Phaseolus minimus*	一年生缠绕草本
57		落花生属	落花生(人工)	*Arachis hypogaea*	一年生草本
58		豇豆属	豇豆(人工)	*Vigna unguiculata*	一年生缠绕草本
59	酢浆草科	酢浆草属	酢浆草	*Oxalis corniculata*	多年生草本
60	蒺藜科	蒺藜属	蒺藜	*Tribulus terrestris*	一年生草本
61		白刺属	西伯利亚白刺	*Nitraria sibirica*	落叶小灌木
62	苦木科	臭椿属	臭椿	*Ailanthus altissima*	落叶乔木
63	楝科	楝属	楝树(人工)	*Melia azedarach*	落叶乔木
64	大戟科	大戟属	地锦	*Euphorbia humifusa*	一年生草本
65			齿裂大戟	*Euphorbia donii*	多年生草本
66		蓖麻属	蓖麻(人工)	*Ricinus communis*	一年生草本
67		铁苋菜属	铁苋菜	*Acalypha australis*	一年生草本
68	无患子科	栾树属	栾树	*Koelreuteria paniculata*	落叶乔木或灌木

续表

序号	科名	属名	种名	学名	生活型
69	鼠李科	枣属	枣树（人工）	*Ziziphus jujuba Mill.*	落叶小乔木
70			酸枣	*Ziziphus jujuba*	落叶小乔木
71	锦葵科	木槿属	野西瓜苗	*Hibiscus trionum*	一年生草本
72			木槿（人工）	*Hibiscus syriacus*	落叶灌木
73		苘麻属	苘麻	*Abutilon theophrasti*	一年生灌木草本
74		棉属	棉花（人工）	*Gossypium spp*	一年生草本
75	柽柳科	柽柳属	柽柳	*Tamarix chinensis*	乔木或灌木
76	堇菜科	堇菜属	紫花地丁	*Viola philippica*	多年生草本
77	千屈菜科	紫薇属	紫薇（人工）	*Lagerstroemia indica*	落叶灌木小乔木
78	石榴科	石榴属	石榴（人工）	*Punica granatum L.*	落叶灌木小乔木
79	柳叶菜科	山桃草属	小花山桃草	*Gaura parviflora*	一年生草本
80	小二仙草科	狐尾藻属	狐尾藻	*Myriophyllum verticillatum*	多年生沉水草本
81	伞形科	蛇床属	蛇床	*Cnidium monnieri*	一年生草本
82		胡萝卜属	胡萝卜（人工）	*Daucus carota*	二年生草本
83	报春花科	点地梅属	点地梅	*Androsace umbellata*	一二年生草本
84	蓝雪科	补血草属	二色补血草	*Limonium bicolor*	多年生草本
85	木犀科	梣属	绒毛白蜡（人工）	*Fraxinus velutina*	落叶乔木
86	夹竹桃科	罗布麻属	罗布麻	*Apocynum venetum*	直立半灌木
87	萝藦科	杠柳属	杠柳	*Periploca sepium*	落叶蔓性灌木
88		萝藦属	萝藦	*Metaplexis japonica*	多年生藤本
89		鹅绒藤属	鹅绒藤	*Cynanchum chinense*	缠绕草本
90			地梢瓜	*Cynanchum thesioides*	多年生草本
91	旋花科	牵牛属	圆叶牵牛	*Pharbitis purpurea*	一年生缠绕草本
92			牵牛	*Pharbitis nil*	一年生缠绕草本
93		鱼黄草属	北鱼黄草	*Merremia sibirica*	缠绕草本
94		旋花属	田旋花	*Convolvulus arvensis*	多年生草本
95		打碗花属	打碗花	*Calystegia hederacea*	多年生草质藤本
96		菟丝子属	菟丝子	*Cuscuta chinensis*	年生寄生草本
97	紫草科	紫丹属	砂引草	*Tournefortia sibirica*	多年生草本
98		斑种草属	斑种草	*Bothriospermum chinense*	一年生草本
99		附地菜属	附地菜	*Trigonotis peduncularis*	一二年生草本
100	马鞭草科	牡荆属	荆条	*Vitex negundo*	落叶灌木

续表

序号	科名	属名	种名	学名	生活型
101	唇形科	夏至草属	夏至草	*Lagopsis supina*	多年生草本
102		活血丹属	活血丹	*Glechoma longituba*	多年生草本
103		益母草属	益母草	*Leonurus artemisia*	一二年生草本
104		地笋属	地笋	*Lycopus lucidus*	多年生草本
105	茄科	枸杞属	枸杞	*Lycium chinense*	落叶灌木
106		茄属	龙葵	*Solanum nigrum*	一年生草本
107		酸浆属	小酸浆	*Physalis minima*	一年生草本
108		曼陀罗属	曼陀罗	*Datura stramonium .*	多年生草本
109	玄参科	地黄属	地黄	*Rehmannia glutinosa*	多年生草本
110		通泉草属	通泉草	*Mazus japonicus*	一年生草本
111	紫葳科	角蒿属	角蒿	*Incarvillea sinensis*	多年生草本
112	胡麻科	胡麻属	芝麻（人工）	*Sesamum indicum*	一年生草本
113	车前科	车前属	平车前	*Plantago depressa*	一二年生草本
114			车前	*Plantago asiatica*	多年生草本
115	茜草科	茜草属	茜草	*Rubia cordifolia*	多年生攀缘藤本
116	葫芦科	黄瓜属	小马泡	*Cucumis bisexualis*	一年生草本
117		丝瓜属	丝瓜（人工）	*Luffa cylindrica*	一年生攀缘藤本

续表

序号	科名	属名	种名	学名	生活型
118	菊科	马兰属	全叶马兰	*Kalimeris integrtifolia*	多年生草本
119		碱菀属	碱菀	*Tripolium vulgare*	一二年生草本
120		白酒草属	小飞蓬	*Conyza canadensis*	一年生草本
121		旋覆花属	旋覆花	*Inula japonica*	多年生草本
122		苍耳属	苍耳	*Xanthium sibiricum*	一年生草本
123		鳢肠属	鳢肠	*Eclipta prostrata*	一年生草本
124		向日葵属	向日葵(人工)	*Helianthus annuus*	一年生草本
125		鬼针草属	菊芋	*Helianthus tuberosus*	多年宿根性草本
126		蒿属	小花鬼针草	*Bidens pilosa*	一年生草本
127			碱蒿	*Artemisia anethifolia*	二年生草本
128			冷蒿	*Artemisia frigida*	多年生草本
129			黄花蒿	*Artemisia annua*	一年生草本
130			蒙古蒿	*Artemisia mongolica*	多年生草本
131			艾蒿	*Artemisia argyi*	多年生草本
132			猪毛蒿	*Artemisia scoparia*	多年生草本
133		蓟属	小蓟	*Cirsium setosum*	多年生草本
134			大蓟	*Cirsium japonicum*	多年生草本
135		泥胡菜属	泥胡菜	*Hemistepta lyrata*	一年生草本
136		蒲公英属	蒲公英	*Taraxacum mongolicum*	多年生草本
137			华蒲公英	*Taraxacum borealisinense*	多年生草本
138		苦苣菜属	苣荬菜	*Sonchus arvensis*	多年生草本
139		莴苣属	莴苣	*Lactuca sativa*	一二年生草本
140		山莴苣属	毛脉山莴苣	*Lactuca raddeana*	二年生草本
141			山莴苣	*Lagedium sibiricum*	多年生草本
142		鸦葱属	蒙古鸦葱	*Scorzoneramongolica*	多年生草本
143		乳苣属	北山莴苣	*Mulgedium sibiricum*	多年生草本
144		苦荬菜属	苦荬菜	*Ixeris sonchifolia Hance*	一年生草本
145			抱茎苦荬菜	*Ixeridium sonchifolium*	多年生草本
146	香蒲科	香蒲属	狭叶香蒲	*Typha angustifolia*	多年水生草本
147	眼子菜科	眼子菜属	菹草	*Potamogeton crispus*	多年生沉水草本
148			龙须眼子菜	*Potarmogeton pectinatus*	多年生沉水草本
149		角果藻属	角果藻	*Zannichellia palustris*	多年生沉水草本

续表

序号	科名	属名	种名	学名	生活型
150	禾本科	芦苇属	芦苇	*Phragmites australias*	多年水生禾草
151		碱茅属	星星草	*Puccinellia tenuiflora*	多年生草本
152			碱茅	*Puccinellia distans*	多年生草本
153		獐毛属	獐毛	*Aeluropus sinensis*	多年生草本
154		虎尾草属	虎尾草	*Chloris virgata*	一年生草本
155		稗属	稗	*Echinochloa crusgali*	一年生草本
156			长芒稗	*Echinochloa caudata Roshev.*	一年生草本
157			无芒稗	*Echinochloa crusgali*	一年生草本
158			马唐	*Digitaria sanguinalis*	一年生草本
159		狗尾草属	狗尾草	*Setaria viridis*	一年生草本
160			金色狗尾草	*Setaria glauca*	一年生草本
161			大狗尾草	*Setaria faberii*	一年生草本
162		芦竹属	芦竹	*Arundo donax*	多年生草本
163		白茅属	白茅	*Imperata cylindrica*	多年生草本
164		牛鞭草属	牛鞭草	*Hemarthria altissima*	多年生草本
165		玉蜀黍属	玉米（人工）	*Zea mays*	一年生草本
166		黍属	稷	*Panicum miliaceum*	一年生草本
167		芒属	荻	*Triarrhena sacchariflora*	多年生草本
168	莎草科	藨草属	荆三棱	*Scirpus yagara*	多年生草本
169			扁秆藨草	*Scirpus planiculmis*	多年生草本
170		莎草属	碎米莎草	*Cyperus iria*	一年生草本
171			异型莎草	*Cyperus difformis .*	一年生草本
172	灯心草科	灯心草属	灯心草	*Juncus effusus*	多年生草本
173	百合科	葱属	葱（人工）	*Allium fistulosum*	多年生草本
174	鸢尾科	鸢尾属	马蔺	*Iris lactea*	多年生草本

附表Ⅲ 天津市国家重点保护野生动物名录（第一批 2008 年发布）

物种名	拉丁名	所属属名	国家保护等级
金钱豹（华北亚种）	*Panthera pardus fontanierii*	豹属	一级
黑鹳	*Ciconia nigra*	*Ciconia*	一级
金雕（kamtschatica 亚种）	*Aquila chrysaetos kamtschatica*	*Aquila*	一级
白尾海雕（指名亚种）	*Haliaeetus albicilla albicilla*	*Haliaeetus*	一级
丹顶鹤	*Grus japonensis*	*Grus*	一级
白鹤	*Grus leucogeranus*	*Grus*	一级
白枕鹤	*Grus vipio*	*Grus*	一级
大鸨（dybowskii 亚种）	*Otis tarda dybowskii*	*Otis*	一级
遗鸥	*Larus relictus*	*Larus*	一级
角䴙䴘（指名亚种）	*Podiceps auritus auritus*	*Podiceps*	二级
黄嘴白鹭	*Egretta eulophotes*	*Egretta*	二级
白琵鹭（指名亚种）	*Platalea leucorodia leucorodia*	*Platalea*	二级
黑脸琵鹭	*Platalea minor*	*Platalea*	二级
鸳鸯	*Aix galericulata*	*Aix*	二级
白额雁（frontalis 亚种）	*Anser albifrons frontalis*	*Anser*	二级
小天鹅（bewickii 亚种）	*Cygnus columbianus bewickii*	*Cygnus*	二级
大天鹅	*Cygnus cygnus*	*Cygnus*	二级
疣鼻天鹅	*Cygnus olor*	*Cygnus*	二级
苍鹰（schvedowi 亚种）	*Accipiter gentilis schvedowi*	*Accipiter*	二级
雀鹰（nisosimilis 亚种）	*Accipiter nisus nisosimilis*	*Accipiter*	二级
赤腹鹰	*Accipiter soloensis*	*Accipiter*	二级
秃鹫	*Aegypius monachus*	*Aegypius*	二级
乌雕	*Aquila clanga*	*Aquila*	二级
草原雕（指名亚种）	*Aquila nipalensis nipalensis*	*Aquila*	二级
灰脸鵟鹰	*Butastur indicus*	*Butastur*	二级
普通鵟（japonicus 亚种）	*Buteo buteo japonicus*	*Buteo*	二级
大鵟	*Buteo hemilasius*	*Buteo*	二级
毛脚鵟（指名亚种）	*Buteo lagopus lagopus*	*Buteo*	二级
毛脚鵟（kamtschatkensis 亚种）	*Buteo lagopus kamtschatkensis*	*Buteo*	二级
白头鹞（指名亚种）	*Circus aeruginosus aeruginosus*	*Circus*	二级
白尾鹞（指名亚种）	*Circus cyaneus cyaneus*	*Circus*	二级
鹊鹞	*Circus melanoleucos*	*Circus*	二级
白腹鹞（指名亚种）	*Circus spilonotus spilonotus*	*Circus*	二级
黑翅鸢（vociferus 亚种）	*Elanus caeruleus vociferus*	*Elanus*	二级

续表

物种名	拉丁名	所属属名	国家保护等级
黑鸢(lineatus 亚种)	*Milvus migrans lineatus*	*Milvus*	二级
凤头蜂鹰(orientalis 亚种)	*Pernis ptilorhynchus orientalis*	*Pernis*	二级
日本松雀鹰(指名亚种)	*Accipiter gularis gularis*	*Accipiter*	二级
猎隼(milvipes 亚种)	*Falco cherrug milvipes*	*Falco*	二级
灰背隼(insignis 亚种)	*Falco columbarius insignis*	*Falco*	二级
游隼(calidus 亚种)	*Falco peregrinus calidus*	*Falco*	二级
燕隼(指名亚种)	*Falco subbuteo subbuteo*	*Falco*	二级
红隼(interstinctus 亚种)	*Falco tinnunculus interstinctus*	*Falco*	二级
红脚隼	*Falco amurensis*	*Falco*	二级
花尾榛鸡(sibiricus 亚种)	*Bonasa bonasia sibiricus*	*Bonasa*	二级
蓑羽鹤	*Anthropoides virgo*	*Anthropoides*	二级
灰鹤(lilfordi 亚种)	*Grus grus lilfordi*	*Grus*	二级
小杓鹬	*Numenius minutus*	*Numenius*	二级
短耳鸮(指名亚种)	*Asio flammeus flammeus*	*Asio*	二级
长耳鸮(指名亚种)	*Asio otus otus*	*Asio*	二级
纵纹腹小鸮(plumipes 亚种)	*Athene noctua plumipes*	*Athene*	二级
雕鸮(ussuriensis 亚种)	*Bubo bubo ussuriensis*	*Bubo*	二级
花头鸺鹠(orientale 亚种)	*Glaucidium passerinum orientale*	*Glaucidium*	二级
鹰鸮(florensis 亚种)	*Ninox scutulata florensis*	*Ninox*	二级
领角鸮(ussuriensis 亚种)	*Otus bakkamoena ussuriensis*	*Otus*	二级
灰林鸮(ma 亚种)	*Strix aluco ma*	*Strix*	二级
红角鸮(stictonotus 亚种)	*Otus sunia stictonotus*	*Otus*	二级

附表Ⅳ　天津市分布的中国特有物种名录

序号	物种名	拉丁名	分布区域
1	麝鼹（华北亚种）	*Scaptochirus moschatus moschatus*	滨海新区、武清区、宝坻区
2	大足鼠耳蝠	*Myotis ricketti*	蓟州区
3	岩松鼠（华北亚种）	*Sciurotamias davidianus davidianus*	蓟州区
4	中国仓鼠（指名亚种）	*Cricetulus griseus griseus*	滨海新区、武清区、蓟州区
5	中华鼢鼠（指名亚种）	*Eospalax fontanierii fontanierii*	静海区
6	黄腹山雀	*Parus venustulus*	蓟州区
7	山噪鹛（chinganicus 亚种）	*Garrulax davidi chinganicus*	蓟州区
8	宝兴歌鸫	*Turdus mupinensis*	东丽区、北辰区、蓟州区
9	无蹼壁虎	*Gekko swinhonis*	蓟州区
10	蓝尾石龙子	*Eumeces elegans*	蓟州区
11	宁波滑蜥（北方亚种）	*Scincella modesta septentrionalis*	蓟州区
12	团花锦蛇	*Elaphe davidi*	蓟州区
13	虎斑颈槽蛇（大陆亚种）	*Rhabdophis tigrinus lateralis*	蓟州区
14	无斑雨蛙	*Hyla immaculata*	西青区、北辰区、宁河区
15	短吻间银鱼	*Hemisalanx brachyrostralis*	滨海新区
16	似鳊	*Pseudobrama simoni*	滨海新区、武清区、静海区
17	钝吻棒花鱼	*Abbottina obtusirostris*	武清区、宁河区、静海区
18	乌原鲤	*Procypris merus*	滨海新区
19	中华青鳉	*Oryzias latipes sinensis*	武清区、静海区
20	小黄黝鱼	*Micropercops swinhonis*	武清区、静海区
21	波氏吻虾虎鱼	*Rhinogobius cliffordpopei*	静海区
22	圆尾斗鱼	*Macropodus chinensis*	滨海新区、武清区、静海区
23	乌鳢	*Channa argus*	滨海新区、武清区、静海区
24	刺鳅	*Mastacembelus aculeatus*	武清区
25	蔓出卷柏	*Selaginella davidii*	蓟州区
26	中华卷柏	*Selaginella sinensis*	蓟州区
27	溪洞碗蕨	*Dennstaedtia wilfordii*	蓟州区
28	井栏凤尾蕨	*Pteris multifida*	蓟州区
29	大囊岩蕨	*Woodsia macrochlaena*	蓟州区
30	妙峰岩蕨	*Woodsia oblonga*	蓟州区
31	密毛岩蕨	*Woodsia rosthorniana*	蓟州区
32	华北石韦	*Pyrrosia davidii*	蓟州区
33	油松	*Pinus tabuliformis*	蓟州区
34	青杨	*Populus cathayana*	蓟州区

续表

序号	物种名	拉丁名	分布区域
35	旱柳	*Salix matsudana*	各地均有分布
36	中国黄花柳	*Salix sinica*	蓟州区
37	麻核桃	*Juglans hopeiensis*	蓟州区
38	软毛虫实	*Corispermum puberulum*	中心城区、西青区、北辰区、滨海新区、宝坻区
39	华虫实	*Corispermum stauntonii*	滨海新区
40	石生蝇子草	*Silene tatarinowii*	蓟州区
41	无距耧斗菜	*Aquilegia ecalcarata*	蓟州区
42	华北耧斗菜	*Aquilegia yabeana*	蓟州区
43	羽叶铁线莲	*Clematis pinnata*	蓟州区
44	丝叶唐松草	*Thalictrum foeniculaceum*	蓟州区
45	火焰草	*Sedum stellariifolium*	蓟州区
46	大花溲疏	*Deutzia grandiflora*	蓟州区
47	东陵绣球	*Hydrangea bretschneideri*	蓟州区
48	独根草	*Oresitrophe rupifraga*	蓟州区
49	楸子	*Malus prunifolia*	蓟州区
50	等齿委陵菜	*Potentilla simulatrix*	蓟州区
51	河北梨	*Pyrus hopeiensis*	蓟州区
52	花楸树	*Sorbus pohuashanensis*	蓟州区
53	华黄耆	*Astragalus chinensis*	除中心城区外均有分布
54	背扁黄耆	*Astragalus complanatus*	除中心城区、滨海新区外均有分布
55	红花锦鸡儿	*Caragana rosea*	蓟州区
56	南口锦鸡儿	*Caragana zahlbruckneri*	蓟州区
57	河北木蓝	*Indigofera bungeana*	蓟州区
58	长叶胡枝子	*Lespedeza caraganae*	蓟州区
59	白刺花	*Sophora davidii*	蓟州区
60	大野豌豆	*Vicia gigantea*	蓟州区
61	直酢浆草	*Oxalis stricta*	各地均有分布
62	花椒	*Zanthoxylum bungeanum*	蓟州区
63	臭椿	*Ailanthus altissima*	各地均有分布
64	地构叶	*Speranskia tuberculata*	除中心城区外均有分布
65	元宝槭	*Acer truncatum*	蓟州区
66	锐齿鼠李	*Rhamnus arguta*	蓟州区
67	卵叶鼠李	*Rhamnus bungeana*	蓟州区
68	小叶鼠李	*Rhamnus parvifolia*	蓟州区
69	乌头叶蛇葡萄	*Ampelopsis aconitifolia*	蓟州区

续表

序号	物种名	拉丁名	分布区域
70	葎叶蛇葡萄	*Ampelopsis humulifolia*	蓟州区
71	山葡萄	*Vitis amurensis*	蓟州区
72	蒙椴	*Tilia mongolica*	蓟州区
73	柽柳	*Tamarix chinensis*	各地均有分布
74	北柴胡	*Bupleurum chinense*	蓟州区
75	河北葛缕子	*Carum bretschneideri*	蓟州区
76	辽藁本	*Ligusticum jeholense*	蓟州区
77	前胡	*Peucedanum praeruptorum*	蓟州区
78	卷毛沙梾	*Cornus bretschneideri var. crispa*	蓟州区
79	毛梾	*Cornus walteri*	蓟州区
80	狭叶珍珠菜	*Lysimachia pentapetala*	蓟州区
81	小叶梣	*Fraxinus bungeana*	蓟州区
82	变色白前	*Cynanchum versicolor*	蓟州区
83	华北白前	*Cynanchum mongolicum*	蓟州区
84	杠柳	*Periploca sepium*	蓟州区
85	斑种草	*Bothriospermum chinense*	各地均有分布
86	多苞斑种草	*Bothriospermum secundum*	蓟州区
87	北齿缘草	*Eritrichium borealisinense*	蓟州区
88	木香薷	*Elsholtzia stauntonii*	蓟州区
89	錾菜	*Leonurus pseudomacranthus*	蓟州区
90	糙苏	*Phlomis umbrosa*	蓟州区
91	百里香	*Thymus mongolicus*	蓟州区
92	隐果散血丹	*Physaliastrum japonicum var. occultibaccum*	蓟州区
93	地黄	*Rehmannia glutinosa*	各地均有分布
94	玄参	*Scrophularia ningpoensis*	西青区
95	细叶穗花	*Pseudolysimachion linariifolium*	蓟州区
96	角蒿	*Incarvillea sinensis*	各地均有分布
97	旋蒴苣苔	*Boea hygrometrica*	蓟州区
98	薄皮木	*Leptodermis oblonga*	蓟州区
99	六道木	*Abelia biflora*	蓟州区
100	异叶败酱	*Patrinia heterophylla*	蓟州区
101	岩败酱	*Patrinia rupestris*	蓟州区
102	糙叶败酱	*Patrinia scabra*	蓟州区
103	宁夏沙参	*Adenophora ningxianica*	蓟州区
104	荠苨	*Adenophora trachelioides*	蓟州区
105	歧茎蒿	*Artemisia igniaria*	蓟州区

续表

序号	物种名	拉丁名	分布区域
106	甘菊	*Chrysanthemum lavandulifolium*	蓟州区
107	砂蓝刺头	*Echinops gmelinii*	蓟州区
108	山马兰	*Kalimeris lautureana*	蓟州区
109	蒙古马兰	*Kalimeris mongolica*	蓟州区
110	蚂蚱腿子	*Myripnois dioica*	蓟州区
111	多裂福王草	*Prenanthes macrophylla*	蓟州区
112	篦苞风毛菊	*Saussurea pectinata*	蓟州区
113	桃叶鸦葱	*Scorzonera sinensis*	蓟州区
114	腺梗豨莶	*Siegesbeckia pubescens*	各地区均有分布
115	斑叶蒲公英	*Taraxacum variegatum*	蓟州区
116	碱菀	*Tripolium vulgare*	各地区均有分布
117	川甘毛鳞菊	*Chaetoseris roborowskii*	蓟州区
118	黑三棱	*Sparganium stoloniferum*	各地均有分布
119	小眼子菜	*Potamogeton pusillus*	北辰区、宁河区
120	刺苦草	*Vallisneria spinulosa*	中心城区、东丽区、西青区、津南区、北辰区
121	獐毛	*Aeluropus sinensis*	各地均有分布
122	多叶隐子草	*Cleistogenes polyphylla*	各地均有分布
123	微药碱茅	*Puccinellia micrandra*	各地均有分布
124	金色狗尾草	*Setaria pumila*	各地均有分布
125	洮南灯心草	*Juncus taonanensis*	武清区
126	长花天门冬	*Asparagus longiflorus*	蓟州区
127	东亚市藜	*Chenopodium urbicum subsp. sinicum*	各地均有分布
128	华北覆盆子	*Rubus idaeus var. borealisinensis*	蓟州区
129	圆叶鼠李	*Rhamnus globosa*	蓟州区
130	中华秋海棠	*Begonia grandis var. sinensis*	蓟州区
131	少花红柴胡	*Bupleurum scorzonerifolium f. pauciflorum*	蓟州区
132	雪柳	*Fontanesia phillyreoides subsp. fortunei*	蓟州区
133	钝萼附地菜	*Trigonotis peduncularis var. amblyosepala*	各地均有分布
134	阿尔泰狗娃花千叶变种	*Heteropappus altaicus var. millefolius*	除中心城区外均有分布

附表Ⅴ 天津市受威胁动植物名录

序号	物种名	拉丁名	分布地区
1	狼(东北亚种)	*Canis lupus chanco*	蓟州
2	猪獾(华北亚种)	*Arctonyx collaris leucolaemus*	滨海新区、武清区、蓟州区
3	豹猫(北方亚种)	*Prionailurus bengalensis euptilurua*	静海区、蓟州区
4	西伯利亚狍	*Capreolus pygargus*	蓟州区
5	小飞鼠(华北亚种)	*Pteromys volans wulungshanensis*	蓟州区
6	斑嘴鹈鹕	*Pelecanus philippensis*	滨海新区
7	卷羽鹈鹕	*Pelecanus crispus*	滨海新区
8	花脸鸭	*Anas formosa*	滨海新区
9	鸿雁	*Anser cygnoides*	滨海新区、宁河区、静海区
10	小白额雁	*Anser erythropus*	武清区
11	青头潜鸭	*Aythya baeri*	滨海新区
12	乌雕	*Aquila clanga*	滨海新区、宁河区
13	白枕鹤	*Grus vipio*	滨海新区、武清、宁河区
14	大鸨	*Otis tarda dybowskii*	西青区、津南区、滨海新区、蓟州区
15	遗鸥	*Larus relictus*	滨海新区
16	黑嘴鸥	*Larus saundersi*	滨海新区、宁河区
17	斑背大尾莺	*Megalurus pryeri sinensis*	滨海新区
18	远东苇莺	*Acrocephalus tangorum*	滨海新区
19	鳖	*Pelodiscus sinensis*	除中心城区、滨海新区外
20	王锦蛇	*Elaphe carinata*	蓟州区
21	团花锦蛇	*Elaphe davidi*	蓟州区
22	玉斑锦蛇	*Elaphe mandarina*	蓟州区
23	棕黑锦蛇	*Elaphe schrenckii*	蓟州区
24	黑眉锦蛇	*Elaphe taeniura*	蓟州区
25	赤峰锦蛇	*Elaphe anomala*	蓟州区
26	短尾蝮	*Gloydius brevicaudus*	蓟州区
27	香鱼	*Plecoglossus altivelis*	武清区、宁河区
28	乌原鲤	*Procypris merus*	滨海新区
29	中华青鳉	*Oryzias latipes sinensis*	武清区、静海区
30	金钱豹(华北亚种)	*Panthera pardus fontanierii*	蓟州区
31	白鹤	*Grus leucogeranus*	滨海新区
32	东方白鹳	*Ciconia boyciana*	滨海新区、武清区、宁河区
33	黑脸琵鹭	*Platalea minor*	滨海新区
34	棉凫(指名亚种)	*Nettapus coromandelianus coromandelianus*	东丽区、滨海新区
35	丹顶鹤	*Grus japonensis*	滨海新区、武清区

续表

序号	物种名	拉丁名	分布地区
36	独根草	*Oresitrophe rupifraga*	蓟州区
37	黄檗	*Phellodendron amurense*	蓟州区
38	欧菱	*Trapa natans*	中心城区、西青区、津南区
39	人参	*Panax ginseng*	蓟州区
40	刺五加	*Eleutherococcus senticosus*	蓟州区
41	珊瑚菜	*Glehnia littoralis*	东丽区、滨海新区
42	杓兰	*Cypripedium calceolus*	蓟州区
43	对叶兰	*Listera puberula*	蓟州区

附表Ⅵ 天津市自然保护地一览表

序号	自然保护地名称	级别	行政区域	面积/km^2	主要保护对象
1	蓟县中上元古界国家自然保护区	国家级	蓟州区	8.9	特殊地质遗迹——中上元古界地层剖面
2	天津八仙山国家级自然保护区	国家级	蓟州区	10.49	天然次生落叶阔叶林生态环境、野生动植物资源、生物种植基因库
3	天津古海岸与湿地国家级自然保护区	国家级	宁河区、滨海新区、津南区、宝坻区、河北省、北京市	359.13	贝壳堤、牡蛎礁构成的珍稀古海岸遗迹和湿地自然环境及其生态系统
4	天津青龙湾固沙林自然保护区	市级	宝坻区	4.16	固沙林生态系统及其生物多样性，包括鸟类和其他野生动物、珍稀濒危物种资源
5	蓟县盘山自然风景名胜古迹保护区	市级	蓟州区	7.1	自然风景、名胜古迹和森林生态系统
6	天津团泊鸟类自然保护区	市级	静海区	62.7	湿地生态系统和鸟类资源
7	天津大黄堡湿地自然保护区	市级	武清区	104.65	湿地生态系统和鸟类资源
8	天津北大港湿地自然保护区	市级	滨海新区	348.87	湿地生态系统及其生物多样性，包括鸟类和其他野生动物资源
9	天津九龙山国家森林公园	国家级	蓟州区	13.77	森林生态系统和野生动植物资源
10	天津大神堂牡蛎礁国家级海洋特别保护区	国家级	滨海新区	34	活体牡蛎礁群
11	中国天津盘山风景名胜区	国家级	蓟州区	110.9	文物古迹、地质地貌、古树名木、野生动植物
12	天津蓟县国家地质公园	国家级	蓟州区	264.6	地质遗迹
13	天津黄崖关长城风景名胜区	市级	蓟州区	13.6	黄崖关长城及景区内原生态环境资源
14	永定河故道国家湿地公园	国家级	武清区	2.49	湿地生态系统
15	潮白河国家湿地公园	国家级	宝坻区	55.819	湿地生态系统

参考文献

[1] 谭力，魏世豪. 天津蓟县盘山花岗岩风化特征及其对千像寺石刻造像的影响 [J]. 安全与环境工程，2017，24(1)：11-15.

[2] 曹阳，李明明，杨耀栋，等. 蓟县盘山地区浅层地下水水质分布特征及影响因素识别 [J]. 地质调查与研究，2016，39(4)：305-310.

[3] 唐小平. 中国自然保护区 从历史走向未来 [J]. 森林与人类，2016(11)：24-35.

[4] 闻秀明，朱翔鹏，张全，等. 蓟县盘山花岗岩岩体成矿地质特征研究 [J]. 地质找矿论丛，2015，30(4)：499-505.

[5] 李永明，梅杭强，高文山. 蓟县盘山北少林寺史迹探微 [J]. 体育文化导刊，2012(9)：140-143.

[6] 尹晓堃. 天津市蓟县盘山山区山体恢复景观初探 [J]. 国土绿化，2011(8)：44-45.

[7] 徐凤，李佩武，张爱，等. 天津市蓟县盘山金碧旅游度假中心植被现状调查与分析 [J]. 农业环境与发展，2011，28(1)：18-22.

[8] 耿世伟，陈晨，陈安，等. 天津淡水生态系统大型底栖动物群落结构特征研究 [J]. 环境科学与管理，2019，44(7)：156-160.

[9] 蔡在峰，曲文馨，洪宇薇，等. 天津市北大港湿地自然保护区植物多样性特征分析 [J]. 西北农业学报，2019，28(8)：1 326-1 334.

[10] 洪宇薇，曲文馨，蔡在峰，等. 天津北大港湿地自然保护区植物区系多样性研究 [J]. 山东林业科技，2019，49(1)：20-24.

[11] 毛亚宁，黄佳欣，王庆泉，等. 天津北大港湿地浮游植物调查 [J]. 河北渔业，2019(1)：31-35，57.

[12] 毕琳，郭长城，尚云涛，等. 天津大黄堡沼泽湿地土壤盐渍化特征及其对长期开垦的响应 [J]. 天津师范大学学报(自然科学版)，2018，38(6)：49-57.

[13] 尚东维，王庆泉，黄小霞，等. 北大港湿地保护区底栖生物群落调查 [J]. 河北渔业，2018(9)：29-32.

[14] 陈政强. 天津市大黄堡洼蓄滞洪区洪水保险研究 [D]. 西安：西安理工大学，2018.

[15] 李立嘉，田向玲，刘馨，等. 天津八仙山国家级自然保护区核心区鸟类和哺乳动物资源初探 [J]. 天津师范大学学报(自然科学版)，2018，38(2)：35-39.

[16] 刘瑜，张凯，付志茹，等.2014 年天津古海岸与湿地国家级自然保护区湿地核心区健康评估 [J]. 湿地科学，2017，15(6)：844-848.

[17] 王宁. 天津北大港湿地自然保护区东方白鹳和白琵鹭迁徙停歇期种群数量变化的初步研究 [C]// 中国动物学会、内蒙古动物学会.2017 年中国动物学会北方七省市区动物学学术研讨会论文集. 中国动物学会、内蒙古动物学会：内蒙古自治区动物学会，2017：8.

[18] 曹威. 北大港湿地昆虫多样性研究 [C]// 中国动物学会、内蒙古动物学会.2017 年中国动物学会北方七省市区动物学学术研讨会论文集. 中国动物学会、内蒙古动物学会:内蒙古自治区动物学会,2017:19.

[19] 谭力,魏世豪. 天津蓟县盘山花岗岩风化特征及其对千像寺石刻造像的影响 [J]. 安全与环境工程,2017,24(1):11-15.

[20] 曹阳,李明明,杨耀栋,等. 蓟县盘山地区浅层地下水水质分布特征及影响因素识别 [J]. 地质调查与研究,2016,39(4):305-310.

[21] 唐小平. 中国自然保护区 从历史走向未来 [J]. 森林与人类,2016(11):24-35.

[22] 江文渊,张征云,宋文华,等. 天津大黄堡湿地自然保护区生物多样性现状调查与分析 [J]. 环境科学导刊,2016,35(4):1-4.

[23] 闻秀明,朱翔鹏,张全,等. 蓟县盘山花岗岩岩体成矿地质特征研究 [J]. 地质找矿论丛,2015,30(4):499-505.

[24] 蔡赫,卞少伟. 天津古海岸与湿地保护区啮齿动物群落结构及其与环境因子关系 [J]. 兽类学报,2015,35(3):288-296.

[25] 邵晓龙,陈晨,魏巍,等. 夏、冬季水鸟对天津北大港万亩鱼塘栖息地的利用 [J]. 天津师范大学学报(自然科学版),2015,35(3):145-148.

[26] 缴建华,于洁,白明,等. 天津北大港水库渔业生态环境调查与评价 [J]. 水资源与水工程学报,2015,26(3):90-95.

[27] 贺梦璇,李洪远,祁永,等. 七里海古泻湖湿地植被群落分类与排序及多样性研究 [J]. 南开大学学报(自然科学版),2015,48(3):104-111.

[28] 李兰兰,许诺,莫训强,等. 七里海湿地植物种间关系的数量分析 [J]. 水土保持通报,2014,34(4):70-75.

[29] 覃雪波. 天津大黄堡湿地自然保护区兽类组成及其多样性研究 [J]. 自然博物, 2014(1):26-31.

[30] 李兰兰,莫训强,孟伟庆,等. 七里海古潟湖湿地植被特征及其植物物种多样性研究 [J]. 南开大学学报(自然科学版),2014,47(3):8-15.

[31] 王国雨. 天津大黄堡湿地自然保护区管理中的问题及对策探讨 [J]. 天津农林科技,2014(02):38-39.

[32] 张庆东. 天津大黄堡湿地生态资源现状及其保护对策 [J]. 天津农林科技, 2013(5):21-23.

[33] 李春燕,王思军,张庆东. 天津大黄堡湿地鸟类资源现状及保护对策 [J]. 天津农林科技,2013(5):29-30.

[34] 丛明旸,石会平,张小锟,等. 八仙山国家级自然保护区典型森林群落结构及物种多样性研究 [J]. 南开大学学报(自然科学版),2013,46(4):44-52.

[35] 莫训强. 土壤种子库应用于滨海地区植被恢复的研究 [D]. 天津:南开大学,2013.

[36] 周俊启. 天津大黄堡湿地资源现状及保护利用 [J]. 天津农林科技,2013(2):34-37.

[37] 李永明，梅杭强，高文山. 蓟县盘山北少林寺史迹探微 [J]. 体育文化导刊，2012(9)：140-143.

[38] 尹晓堃. 天津市蓟县盘山山区山体恢复景观初探 [J]. 国土绿化，2011(8)：44-45.

[39] 王宏鹏，王新华，纪炳纯. 大黄堡湿地自然保护区底栖动物研究与水环境评价 [J]. 南开大学学报(自然科学版)，2011，44(2)：49-56.

[40] 毕继锋，付荣恕. 大黄堡湿地自然保护区浮游动物调查研究及与水质关系 [J]. 科技信息，2011(8)：514-515.

[41] 徐凤，李佩武，张爱，等. 天津市蓟县盘山金碧旅游度假中心植被现状调查与分析 [J]. 农业环境与发展，2011，28(1)：18-22.

[42] 刘光华，付荣恕. 大黄堡湿地自然保护区春季底栖动物群落结构及水质生物评价 [J]. 山东林业科技，2010，40(5)：38-41，66.

[43] 周俊起. 大黄堡湿地评价与景观修复技术研究 [D]. 天津：天津大学，2010.

[44] 茹欣，吴鹏程，汪楣芝. 天津八仙山国家自然保护区苔藓植物调查 [J]. 安徽农业科学，2009，37(3)：1 253-1 254.

[45] 韩国彬. 大黄堡湿地自然保护区昆虫类资源调查 [J]. 天津农林科技，2008(6)：28-29.

[46] 覃雪波，李勇，赵铁建，等. 天津八仙山自然保护区兽类的区系特征与生态分布 [J]. 四川动物，2008(5)：922-923.

[47] 覃雪波，赵铁建，朱金宝. 天津八仙山自然保护区兽类资源调查 [J]. 天津农林科技，2008(4)：39-42.

[48] 王凤琴，赵欣如，周俊启，等. 天津大黄堡湿地自然保护区的水鸟生态 [J]. 河北大学学报(自然科学版)，2008(4)：427-432.

[49] 李勇. 天津大黄堡自然保护区湿地维管植物区系研究 [C]// 中国植物学会七十五周年年会论文摘要汇编(1933-2008). 中国植物学会：中国植物学会，2008：84-85.

[50] 陈春岗. 天津大黄堡湿地生物物种多样性及保护对策 [J]. 国土绿化，2008(5)：47-48.

[51] 郭旗. 八仙山自然保护区鱼类资源现状及保护对策 [J]. 河北渔业，2008(4)：46-48.

[52] 郭旗，赵铁建. 八仙山国家级自然保护区鱼类区系及多样性 [J]. 天津农学院学报，2008(1)：25-28.

[53] 王新华，王宏鹏，纪炳纯. 大黄堡湿地自然保护区浮游动物研究与水环境评价 [J]. 南开大学学报(自然科学版)，2008(1)：44-50，91.

[54] 李春燕，刘志杰，韩国彬，等. 天津大黄堡湿地自然保护区资源现状及保护对策 [J]. 天津农林科技，2007(6)：11-13.

[55] 王天罡，邢韶华，林大影，等. 天津八仙山自然保护区维管束植物分析 [J]. 河北林果研究，2007(2)：134-139.

[56] 王天罡. 天津八仙山自然保护区植物多样性及其保护研究 [D]. 北京：北京林业大学，2007.

[57] 王凤琴，赵欣如，周俊启，等. 天津大黄堡湿地自然保护区鸟类调查 [J]. 动物学杂志，

2006(5):72-81.

[58] 王凤琴,赵欣如,周俊启,等. 天津大黄堡湿地自然保护区春季鸟类资源的初步调查 [J]. 天津农学院学报,2006(2):11-16,51.

[59] 王凤琴. 天津湿地及湿地鸟类可持续发展的建议 [J]. 动物科学与动物医学, 2003(2): 11-12.

[60] 徐华鑫. 天津蓟县中上元古界国家自然保护区的特点及其保护价值 [J]. 天津师大学报(自然科学版),1992(1):75-81.

[61] 李百温. 天津地区主要资源鸟类调查 [J]. 动物学杂志,1991(2):17-20.

[62] 唐小平. 中国自然保护区从历史走向未来 [J]. 森林与人类,2016(11):24-35.

[63] 李庆奎. 天津八仙山国家级自然保护区生物多样性考察 [M]. 天津:天津科学技术出版社,2010.

[64] 刘家宜. 天津植物名录 [M]. 天津:天津教育出版社,1994.

[65] 刘家宜. 天津植物志 [M]. 天津:天津科学技术出版社,2004.

[66] 张书义. 天津自然保护区 [M]. 天津:天津科学技术出版社,1992.

[67] 天津市地方志编修委员会办公室,天津通志鸟类志编修委员会. 天津通志—鸟类志 [M]. 天津:天津科学技术出版社,1994.

[68] 许宁,高德明. 天津湿地 [M]. 天津:天津科学技术出版社,2005.